U0172993

动力耦合下采空区及上覆建筑物
灾变演化机制

麻凤海　路沙沙　刘书贤　刘少栋　著

科学出版社

北京

内 容 简 介

　　本书系统阐述了采空区岩层及采空区建筑物在开采沉陷及地震耦合作用下的动力灾变及其防治措施。主要内容包括采空区岩层开采变形特征及其沉陷灾害特征、采空区巷道的动力响应规律及其损伤灾变特征、采空区复杂场地的动力响应特征及其影响因素、采空区建筑物的沉陷损伤指标及其模型、采空区建筑物地震响应特征及其在采动与地震耦合作用下的变形特征及能量耗散特征。

　　本书可供从事采矿工程、岩土工程、结构工程、矿山开采沉陷控制、岩层移动与控制等领域的科技工作者和工程技术人员参考使用。

图书在版编目(CIP)数据

动力耦合下采空区及上覆建筑物灾变演化机制 / 麻凤海等著. —北京：科学出版社，2022.7

ISBN 978-7-03-071970-6

Ⅰ. ①动… Ⅱ. ①麻… Ⅲ. ①煤矿开采-采空区-岩层控制-研究 Ⅳ. ①TD82

中国版本图书馆CIP数据核字(2022)第052027号

责任编辑：李 雪 李亚佩 / 责任校对：崔向琳
责任印制：师艳茹 / 封面设计：无极书装

科 学 出 版 社 出版

北京东黄城根北街 16 号
邮政编码：100717
http://www.sciencep.com

三河市春园印刷有限公司 印刷

科学出版社发行　各地新华书店经销

*

2022 年 7 月第 一 版　开本：720×1000 1/16
2022 年 7 月第一次印刷　印张：15 1/4
字数：305 000

定价：198.00 元
(如有印装质量问题，我社负责调换)

前　　言

煤炭资源作为我国社会发展的主要基础能源,对我国的经济社会发展有着举足轻重的作用。随着煤炭资源的持续大面积、高强度的开采,煤炭资源急剧减少,"三下"采煤问题日益突显,在建筑物密集的居民区形成了大量的形式各异、纵横交错的采空区。煤炭开采引发的地表沉陷对采空区建筑物产生破坏作用,轻者建筑物开裂变形,重者建筑物倒塌,容易造成巨大的经济损失。煤炭开采中的扰动使得采空区产生了损伤,改变了采空区的场地特征,再加上采空区岩土物理参数的随机性、离散性,这些因素都使采空区场地的地震响应特征明显区别于一般场地。目前,采空区沉陷与地震耦合作用下建筑物的动力灾变过程尚不明晰。因此,采空区建筑物在沉陷变形及地震耦合作用下的动力响应研究对于采空区建筑物的保护显得尤为重要。深入探究矿区开采后的采空区稳定性、采空区建筑物安全性的问题对矿区安全意义重大,同时,采动损伤后的采空区及地表建筑物的震后二次损伤及建筑物震灾问题也应引起充分重视。

本书采用相似材料试验和三维数值模型,探讨开挖巷道围岩的应力分布规律,研究不同埋深、截面形式、围岩分层、衬砌支护对开挖巷道围岩变形的影响;建立围岩-巷道平面应变模型,探讨地震作用下巷道应力与位移变化规律,研究煤矿巷道结构的埋深、截面形式、衬砌结构的弹性模量、围岩分层、输入地震波类型等不同因素对其地震动力响应的影响;建立采空区场地及采空区群的场地有限元模型,分析采空区场地的地震动力响应特征及其影响因素;引入改进的双参数损伤模型计算地震作用下煤矿采空区建筑物的楼层损伤值,量化分析煤矿采动损伤建筑在地震动力作用下的损伤演化过程,对煤矿采动损害影响下的建筑物的抗震性能劣化规律进行分析探讨,在此基础上分析地下煤炭开采对建筑物抗震性能的扰动规律;基于耗散结构理论,从能量角度分析煤炭采空区建筑物在开采沉陷作用及开采沉陷和地震耦合作用下的损伤演化,利用有限元分析软件进行多工况下的模拟,量化分析开采沉陷作用以及采动和地震耦合作用下建筑物系统内能量的演化,为研究煤炭采空区建筑物的损害防治和保护提供理论基础。

书中详细探究了采空区岩层开采变形特征及其沉陷灾害特征、采空区巷道的动力响应规律及其损伤灾变特征、采空区复杂场地的动力响应特征及其影响因素、采空区建筑物地震动力响应特征及其在采动损伤和地震耦合作用下的变形特征,可作为采空区岩层变形、采空区建筑物的动力灾变及其防治工作的参考资料,也可作为土木工程防灾减灾、建筑工程抗震方向研究生学习资料。因各采空区实际工程条件复杂多样，故采动与地震耦合下建筑物灾害知识如有陈述不妥之处，请读者与本书作者交流，共同探讨。

书中学科交叉内容较多，衷心地感谢尹航博士在数值模型建立及分析中做出的贡献，聂伟博士在插图中做出的贡献，白春老师在煤矿采动损伤分析中做出的贡献。另外，郭涛、王春丽、张存、张亚楠、李鑫、白晓晓为本书的排版、修改等做了大量工作，在此为所有参与本书编著的人员的付出表示感谢。

麻凤海

2022 年 6 月 6 日

目 录

第一部分　理　论　基　础

第1章 煤炭资源开采及采空区灾害现状

1.1 我国煤炭资源及采空区灾害现状

煤炭作为工业革命以后主要的能源资源之一，在世界发展过程中占据着重要地位。多煤、贫油、少气是我国能源资源的基本结构特点，煤炭在我国化石能源中占到的比例较高，因此煤炭资源作为我国主体能源毋庸置疑。长期以来，煤炭生产与消费量占到我国能源生产与消费总量的 2/3 左右；根据相关专家预测，在今后相当长的一段时间内，我国将继续保持以煤炭为主的能源供应与消费这一发展趋势。随着我国经济建设的快速发展，基础能源和工业原料的需求量日益增长，煤炭产业作为我国重要的基础产业，为我国提供了足够的能源，并保障了我国能源安全，具有不可替代的作用[1]。

世界煤炭探明储量在 10 亿 t 以上的国家共有 23 个，我国排在第三位，约占世界总探明储量的 11.6%，约是排在世界第一位美国的一半，但是我国煤炭生产量排在世界第一位，是第二位美国生产量的 2 倍多，说明我国煤炭资源消耗较快，我国部分地区煤炭资源已经出现枯竭或接近枯竭现象[2]。我国煤炭资源的开采受到不同条件的制约，如开采条件制约、生态环境制约、煤炭质量制约、资源数量制约[3]。其中建筑物、水体和铁路下（简称"三下"）压煤也是制约一些煤炭矿区开采的重要因素。例如，龙口矿区经专业技术人员勘探，结果显示可供开采的煤炭总储量高达 23398.6 万 t，但村庄下压煤储量多达 15436.9 万 t，占总可采储量的 65.97%，村庄下压煤问题已经成为龙口矿区煤炭开采的"瓶颈"[4]。兖矿能源集团在 1999 年底进行了详细的统计，结果显示可供开采的煤炭总储量为 15.90 亿 t，但建筑物下压煤量多达 7.89 亿 t，约占总可采储量的一半，已成为制约煤炭开采的首要问题[5]。徐州矿务集团同时也在 1999 年底对该集团矿区建筑物下压煤储量进行了详细统计，发现该集团矿区建筑物下压煤储量约为 4.9 亿 t，占集团探明的总可采储量的 1/2 以上[6]。我国"三下"压煤储量高达 137.9 亿 t，约占到我国已探明储量的 12%，其中建筑物下压煤储量达到 87.6 亿 t 左右，占到我国"三下"压煤储量的 63.5%[7]。根据以上情况分析，随着我国煤炭资源的不断消耗，煤炭开采将不可避免地延伸到建筑物下，按照《矿产资源补偿费征收管理规定》：依法开采水体下、建筑物下、交通要道下的矿产资源的采矿权人，可以减缴矿产资源补偿费[8]。

国外研究建筑物下压煤开采较早的国家有英国、俄罗斯、波兰及德国，而建筑物下开采技术处在世界领先地位的当属波兰。在国内，前期主要是学习并引进国外的先进经验，对一些矿区进行建筑物下采煤试验，并获得了宝贵经验。根据大量文献与经验，建筑物的抗变形能力与地表的水平变形值的大小决定了建筑物下采煤的破坏程度，所以，对于建筑物下采煤而言，我们应按照建筑物受力情况、建筑物结构等采取适当的采煤技术，对建筑物选取合理的结构保护措施。当前，我国建筑物下采煤主要有：①房柱式开采法。在开采煤层中掘进一系列宽 5～7m 的煤房，以巷道连通中间，形成宽度不等的长条形煤柱。在设计煤柱时，不仅要节约资源，按照需求进行煤柱回收，而且煤柱应具有特定的稳定性，确保足够的强度去支撑顶板。②协调开采法。通过合理安置开采顺序以及工作面，以对部分地表变形进行抵消，进而保护地表建筑物，是避免地表变形的一种有效措施。③充填开采法。在煤炭开采工作面后方采空区用填充材料进行上覆岩层支撑，如粉煤灰、矸石或者碎砂，从而减轻地表环境受到的损坏程度。当前，长臂石膏体结合矸石充填和巷柱式开采填充是主要的两种填充方式。实践显示，充填开采能够在很大程度上降低开采对地表建筑物的损害，减轻地表沉降的程度。④条带开采法。划分开采煤层区域，使之成为线性区域，间隔采留，从而确保部分条带式的煤对上覆岩层进行支撑，达到保护地面建筑物，回收部分煤炭的目的。此外，还有离层注浆开采法、间歇开采法、择优开采法等建筑物下采煤方法。

1.2　煤炭资源开采演变灾害

地下的煤炭资源开采后，煤层的上覆岩体失去了原有的支撑，采空区域周围岩体的初始应力平衡被破坏，导致应力场重新分布，直至达到新的应力平衡。这是一个非常复杂的物理力学变化过程。在这个过程中，岩体发生变形或移动，向上波及地表，呈现出塌陷、裂缝和台阶等多种形式的变形，如图 1.1 所示，形成地表移动盆地，我们称为采动区。据相关不完全统计，我国国有煤矿截至 1996 年底，累计塌陷总面积约为 38 万 hm^2，仍然以平均每开采万吨煤塌陷土地 0.2hm^2 的速度递增。其中塌陷土地一半以上集中在平原地区[9]。据安徽省政府部门不完全统计，2007 年塌陷区总面积 250km^2，塌陷深度在 1.5m 以上的达到 127km^2；兖州、滕州和两淮地区 1994 年总塌陷面积已达到 4.87 万 hm^2，预计 2000 年累计塌陷面积将达到 7.15 万 hm^2，2010 年将达到 13.33 万 hm^2 以上。表 1.1 为 1994 年统计的兖州、滕州等六矿区采煤塌陷技术指标[10]。

图 1.1　采空区次生灾害

表 1.1　兖州、滕州等六矿区采煤塌陷技术指标

技术指标名称	兖州矿区	肥城矿区	枣滕矿区	徐州矿区	淮北矿区	淮南矿区
探明煤炭储量/亿 t	332.0	10.7	45.2	35.5	80.5	149.6
煤田面积/km^2	3402	96	1016	920	6912	11100
原煤产量/(万 t/a)	1975.4	499.3	1586.0	1966.87	1986.0	1000.0
10^4t 煤塌陷面积/hm^2	0.18	0.21	0.19	0.21	0.33	0.19
塌陷面积/万 hm^2	0.31	0.37	1.13	1.3	1.17	0.59
下沉系数	0.8~0.9	0.8	0.8	0.8	0.9	0.8
地面下沉深度/m	7~10	3~5	2~6	5~9	2.78	4~7
最大下沉深度/m	9~11	8~12	9~10	10~12	5044	8~10
塌陷速度/(hm^2/a)	1466.67	133.33	55.00	666.67	666.67	562.00
至 2000 年塌陷面积/万 hm^2	1.0	0.53	1.47	1.67	1.47	1.02

注：枣滕矿区属于滕州矿区。

1.3　采空区开采-地震耦合灾害

1.3.1　采空区开采地层变形灾害

随着煤矿地下煤层的不断开采，煤层上覆岩层失去支撑，岩体的应力平衡发生破坏，导致地表发生移动变形，破坏了建筑物基础与地基间的原有应力平衡，建筑物与地基的应力重新分布，直至达到新的平衡力系。随着新的平衡力系建立，建筑物发生了移动变形，局部产生附加应力，当附加应力超过局部结构的极限应力时会导致建筑物破坏。地下煤炭开采引起的地表移动变形主要有水平方向的移动变形(如水平拉伸变形、水平移动变形、压缩变形)、垂直方向的移动变形(如下沉、曲率、倾斜、扭曲)以及地表平面内的剪应变三类[11]，地表变形情况不同，对建筑物产生的影响也不同，可使建筑物产生裂缝、下陷、倾斜、扭转甚至破坏。例如，潞安屯留矿井专用铁路干线有很大一部分处于塌陷区之中，塌陷形成的盆地最大深度达到4m，最大倾斜度达到30mm/m，对该铁路运营造成了严重威胁；在开采作用影响下，阳泉矿务局四矿前家掌中央风井因错位而报废。据不完全统计，山西省有145个村庄因为煤矿开采引发地质灾害危及村民的生命财产安全而被迫搬迁，此外还有200多个村庄的房屋也遭到不同程度的破坏。安徽省淮北市的烈山镇和淮南市的九龙岗镇都因遭到地表塌陷破坏而不得不搬迁重建[12]，如图1.2所示。

图1.2　次生灾害

1.3.2　采空区地下地震灾害

通过对国内外近几十年来大地震的震害数据研究可以得出，地下结构的震动性能及灾变机理，与地表结构有很大的差别。特别是煤矿采空区场地复杂，地下环境纵横交错，其地震响应更为复杂。与地表结构相比，地下结构的地震动力响应特点主要表现在以下几个方面：①大多数被埋置在岩层中的地下结构会受到来自周围岩土介质的作用，随着外在作用的变化其约束也会随之改变，并且结构的自振特性通常不在其地震动力响应中体现。如果所要研究的地下结构的尺寸与输入地震波波长的比例不大时，通过研究分析可以得出地下结构对其周围地基的地震动力响应影响不大，而且其研究结果得出的地震动力响应波形与输入地震波的波形大致相同；如果地下结构的尺寸与输入地震波波长的比例较大时，地下结构的存在就会对输入地震波的传播产生很大的影响，从而使周围地基的动位移场改变，因此，地下结构的尺寸大小对地下结构的地震动力响应有显著的影响。而自振特性是地表结构的地震动力响应的主要表现因素，特别是低阶模态的影响。②影响地下结构地震动力响应的主要因素为周围土体的地震动位移场，而其惯性力并不是影响地震动力响应的主要因素，与地表结构有很大的区别，因此地下结构周围土体介质的本身性能状态是研究地下结构地震动力响应不可忽略的因素。通常情况下，埋置在岩层中的地下结构比埋置在土层中的地下结构更不容易发生破坏，主要是由于土层具有低频放大作用。③输入地震波的加速度大小对地下结构的地震动力响应影响较小，对地表结构的地震动力响应影响较大，但地表结构各点的相位差在地震发生过程中相差不大。④高频地震波对震中距较小的地下结构影响很大，严重的会使混凝土和岩石分裂。

地表结构的强度、刚度、重量和形状是影响地表结构动力响应的主要因素，这些因素的变化可以带来质的变化；然而地下结构的地基运动特性是影响其动力响应的主要因素，而其形状的变化对动力响应的影响是比较小的，只能带来量的变化。因为地表结构与地下结构的动力响应影响因素不同，所以研究抗震问题时所采用的方法也应该有所不同，但在研究地下结构抗震的初期其抗震方法还是运用了地表结构的抗震方法[13]。20 世纪中期以前，来自日本的大森房吉通过多年的努力研究出了静力理论法，此后在分析探索地下结构的抗震设计时世界各地的研究人员都把静力理论法作为理论分析的基础。20 世纪 60 年代初期，苏联学者分析地下结构抗震时所运用的理论为弹性理论，通过这一理论的运用得出了在均匀介质中单连通域与多连通域的应力应变状态[14]。70 年代以后，才有了一套能够满足自身的有关地下结构抗震设计的比较完整的理论体系。研究地下结构抗震设计分析的方法主要有地震原型观测、模型试验和理论分析方法[15,16]。根据地震原型观测和模型试验来使研究对象实际再现，再对其物理机制进行解释，并根据现象得出变化过程，分析灾变引起的后果，然后根据实验结果以及过程分析建立精确的模型，确定适用于研究的理论分析方法。

1. 理论分析方法

早期地下结构抗震分析理论主要是波动理论和振动理论[17]。随着计算机技术的快速发展，地下结构抗震分析理论又出现了有限元、有限差分等数值理论。地下结构抗震响应计算理论主要分成两类：一类是建立在求解波动方程基础上的波动解析法；另一类是基于振动理论的相互作用法，其建立在求解运动方程的基础上。波动解析法和相互作用法既有各自的特点又相互联系。

(1) 波动解析法：波动解析法通过理想化地下结构的材料本构、几何形态及地震荷载等因素，把地下结构看成连续的无限介质中的孔洞加固区，来求解无限区域的应力场和波动场。波动解析法只能对边界条件、材料本构及几何形状等相对简单的问题给出完美的解析；对于地质地形条件复杂的情况及不规则的地下结构(地震波在介质之间、地下结构与介质之间的反射、折射、衍射、透射等波动现象十分复杂)，波动解析法无法解决此类问题，只能通过有限元、有限差分等波动数值方法进行动力响应分析。但是，波动解析法物理概念清晰，对于把握力学机理，分析物理影响因素之间的关系有着无法替代的作用。

(2) 相互作用法：相互作用法是基于振动理论的结构动力学方法[18-21]，以地下结构为研究对象，考虑地下结构与周围介质之间的相互作用力，建立地下结构的运动方程，解得其动力响应。相互作用法可以按照求解过程分为直接法和子结构法。其中直接法是将地下结构及其周围一定范围的岩土介质作为整体一起进行动力求解。子结构法由三个环节组成：源问题、阻抗函数以及给定地下周围输入条件下的地下结构自身的反应分析。具体过程为：源问题是先不考虑地下结构的存在，利用波动理论求得介质中自由场的地震动力响应；然后根据地下结构所在位置岩土体的运动来求解地下结构的动力响应。子结构的难点和重点在于如何考虑无限域岩土介质与地下结构的相互作用力，一般在频域内将它们的相互作用力转化为岩土介质的动刚度(动阻抗)求解，在时域内将它们的相互作用力转化为脉冲响应函数求解，概括为模拟无限域地基的辐射阻尼问题。求得无限岩土介质的动刚度(动阻抗)或脉冲响应函数后，可以用有限元法得到地下结构的动力响应。

在除了上述两种分析理论外，在地下结构抗震分析的早期，学者基于上述两种理论基础，对实际问题进行简化，考虑主要因素，忽略次要因素，发明了以下地下结构抗震分析实用计算方法，如拟静力法、Shukla法、围岩应变传递法、St.John法、反应位移法、福季耶娃法、BART法、地基抗力系数法、递推衍射法等。

2. 模型试验

模型试验包括振动台模型试验和人工震源试验。模型试验可以定性或者定量地分析某一物理因素或者地震条件对地下结构动力稳定性的影响，是地下结构抗震分析的重要手段。人工震源试验是在现场人为制造冲击荷载激励地下结构，研究其动力响应。人造冲击荷载产生的应力波不同于自然地震波，人工震源试验得出的研究结果通常不能任意推广。振动台模型试验可以通过相似原理，结合试验要求和条件，制作出一定比例的相似模型，对地下结构的动力响应进行模拟，它是当前地下结构抗震分析最有效的方法[22]。

3. 地震原型观测

地震原型观测就是通过对地下结构在地震时的震害情况进行观察，以及对其动力响应特性进行实测，来了解地下结构的地震响应特点、震害机理和抗震性[20]。对于地震对地下结构的破坏结果，地震原型观测具有直观性和客观性。由于地震的突发性，地震原型观测受到观测周期、观测条件和观测手段的限制，得到的观测资料有限。地震原型观测由震害调查和地震观测两部分组成。日本利用 1970 年的松代地震群，对一些地下结构震害情况和动力响应特性进行了观测，得出了地下结构惯性力不会影响地下结构地震动力响应。随后研究人员在这一结论的基础上发明了应用广泛的反应位移法。

1.3.3　采空区沉陷−地震耦合作用下建筑物灾害

强烈地震发生时会直接导致山体破坏、建筑物倒塌，同时还可能引发海啸、火灾等其他灾害，给人类的生命财产安全造成严重危害。我国地震频发，历史上记录的强烈地震就有近百次之多。在 1556 年陕西关中大地震中，有名可查的死亡人数达 83 万人。近几年，我国地震频发，造成了重大的人员伤亡和财产损失。2008 年 5 月 12 日发生汶川地震，造成 69227 人遇难，17923 人失踪，374643 人受伤，直接经济损失高达 8451.4 亿元。2013 年 4 月 20 日发生雅安地震，截至 2013 年 4 月 24 日，造成 196 人死亡，21 人失踪，11470 人受伤。

目前我国主要开采的煤炭资源集中在东北、华东、华北地区，这些地区人口稠密，城镇密集，道路纵横交错，煤炭开采产生的地表移动变形将对地表上覆建筑物产生不利影响，导致建筑物发生不同程度的破坏，严重的可能发生倒塌，给人们的生命财产造成损失。根据相关资料统计，我国 80%以上的矿区位于地震设防地区，统配煤矿位于地震区的达到 79.1%，职工人数占 82.7%，大中型地方煤矿位于地震区的亦在 50%左右。表 1.2 为 1978 年我国煤炭企业抗震基本烈度分布统计[23]。这些矿区的建筑物不仅受到地表移动变形的破坏作用，还要注意预防地震对建筑物的破坏，避免造成重大的人员伤亡和财产损失。因此，近年来我国许多学者开始对煤矿采空区建筑物在沉陷和地震耦合作用下的损害防治和保护措施开展研究。

表 1.2　我国煤炭企业抗震基本烈度分布统计(1978 年)

类别	地震基本烈度	矿务局数		原煤产量/%	职工人数/%
		数量	占比/%		
统配煤矿	5 度及以下	18	20.9	13.3	17.3
	6 度	21	24.4	25.3	24.6
	7 度	28	32.6	34.8	34.8
	8 度	18	20.9	26.2	22.7
	9 度	1	1.2	0.4	0.6
	6~9 度合计	68	79.1	86.7	82.7

续表

类别	地震基本烈度	矿务局数		原煤产量/%	职工人数/%
		数量	占比/%		
地方煤矿(一)	5 度及以下	9	47.4	46.4	53.2
	6 度	7	36.8	34.2	27.3
	7 度	3	15.8	19.4	19.5
	8 度				
	9 度				
	6～9 度合计	10	52.6	53.6	46.8
地方煤矿(二)	5 度及以下	28	43.1		
	6 度	21	32.3		
	7 度	11	16.9		
	8 度	4	6.2		
	9 度	1	1.5		
	6～9 度合计	37	56.9		

第 2 章　开采方法及岩层变形理论

2.1　开采作用下的地表变形

2.1.1　地表移动变形

　　煤层在未开采前，煤层及其上部岩层之间处于应力平衡状态，当对煤层进行开采时，煤层与岩层之间的应力平衡状态就被破坏，岩层开始位移；当煤层开采面积达到一定范围时，采空区的上覆岩层失去支撑，岩层位移急剧增加甚至岩层破坏。岩层和地表的位移可分为两种情况：一是连续移动变形；二是非连续移动变形，如采空区上覆岩层冒落、地表变形开裂等。岩层与地表移动是一个复杂的时空发展过程。发展过程中的规律称为动态规律，移动终止后的规律称为静态规律，人们对后者研究较多。用垮落法管理顶板开采缓倾斜矿层时，按顶板岩层移动、变形和破坏特征划分为冒落带、断裂带和弯曲下沉带。岩层移动稳定后，在采空区上方地表沉陷，形成下沉盆地，其范围大于开采面积。若开采面积为矩形，则地表下沉盆地近似为椭圆形。下沉盆地内各点的移动量不相等，移动方向指向盆地中央。在下沉盆地中心沿矿层走向和倾向的垂直断面(主断面)内，以水平线表示开采前的地表状态，曲线表示开采后的地表状态。下沉盆地的移动分布特点与采空区宽度有关。当采空区宽度为开采深度的 1.2～1.4 倍时，称为临界开采，地表为充分采动，下沉盆地中央出现应有的最大下沉值。当采空区宽度小于开采深度 1.2～1.4 倍时，称次临界开采，地表为非充分采动，下沉盆地中央的最大下沉值小于应有的最大下沉值。当采空区宽度远大于开采深度的 1.2～1.4 倍时，称为超临界开采，地表为超充分采动，下沉盆地中央出现平坦的无变形区。一般以下降 10mm 的点作为地表下沉盆地的边缘点。在主断面内地表下沉盆地边缘点至相应采空区边界点的连线与水平线的夹角称为边缘角。边缘角大小与岩性有关。由软岩到硬岩，边缘角逐渐变大。在变形值达到对建筑物有损害处，划定为危险边界。在主断面内，危险边界至相应采空区边界的连线与水平线的夹角称为移动角。移动角也随岩性而变化。边缘角与移动角用以表示地表下沉和危险变形的边界。

　　在开采深度小、厚度大的矿体或煤层中，有时地表移动呈塌坑、台阶状断裂等不连续移动特征。地表移动的剧烈程度一般以地表下沉速度，即昼夜下沉量表示。一个地表点随开采工作面推进表现为开始移动、逐渐活跃、然后衰落。对缓倾斜和急倾斜煤层，分别以每月下沉 50mm 和 30mm 作为划分活跃阶段的标准。当 6 个月内下沉值小于 30mm 时，规定为移动过程已经停止。地表移动持续时间与开采深度有关。开采深度为 100～200m 时，地表移动持续时间为 1～2 年。开采深度越大，地表下沉速度越小，地表移动持续时间越长。

因此，在地下煤炭开采过程中以及开采后一段时间内，岩层和地表需产生一定量的位移而使应力重新分布，以达到新的应力平衡。上述岩体冒落、地表变形现象在采矿界被称为"开采沉陷"或岩层与地表移动[24]。图 2.1 为开采沉陷示意图。

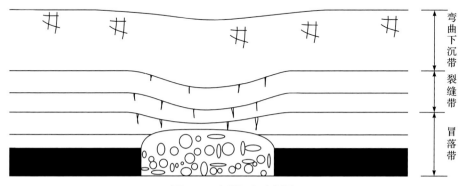

图 2.1　开采沉陷示意图

2.1.2　地表移动盆地的形成及其特征

地下煤炭开采过程中，随着开采工作面的推进将产生地表移动盆地。一般当开采工作面推进到距离开切眼 $1/4H_0$～$1/2H_0$（H_0 为开采深度）时，地表开始下沉。紧接着，随着开采工作面的继续推进，地表变形不断增大，形成一个远大于开采范围的下沉盆地。图 2.2 展示了地表移动盆地的形成过程。如图 2.2 所示，当开采工作面分别推进到 A、B、C、D 这四个位置时，对应这四个时刻地表将依次出现 W_A、W_B、W_C、W_D 不同大小的盆地。图 2.2 中 W_A、W_B、W_C、W_D 盆地是随开采工作面推进而形成的，故称为动态移动盆地。在工作面回采结束以后，采空区周围岩体还未达到应力平衡，因此地表的移动变形还将持续一段时间。当采空区周围岩体达到新的应力平衡时，地表移动变形停止，形成 W_{D0} 稳定盆地。地表形成的移动盆地比对应的采空区范围要大，采空区形状和矿层倾角决定了地表移动盆地的形状。在地表移动盆地范围内，地表各部位的移动和变形性质及大小不尽相同。例如，在水平煤层开采、地表平坦且无大的地质构造条件下，最终形成的地表移动盆地可划分为中性区、压缩区和拉伸区三个区域，如图 2.3 所示[25]。

（1）中性区：区域内地表均匀下沉，下沉值达到最大 w_{max}，其他移动变形值几乎为零，一般不出现明显的裂缝。

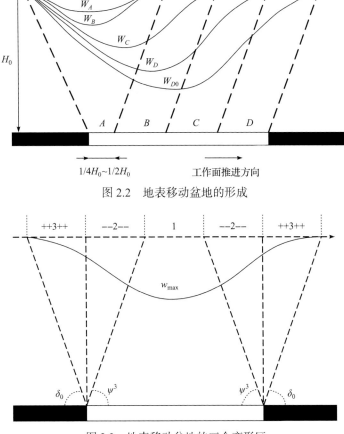

图 2.2　地表移动盆地的形成

图 2.3　地表移动盆地的三个变形区
1 为中性区；2 为压缩区；3 为拉伸区；δ_0 为边界角；ψ^3 为充分采动角

　　(2)压缩区：区域内地表不均匀沉降，地面向内倾斜，呈现凹形，产生压缩变形，地面一般不会出现裂缝。

　　(3)拉伸区：区域内地面不均匀沉降，逐点向盆地中心方向移动，呈现凸形，产生拉伸变形，当拉伸变形过大时，地面会产生拉伸裂缝。

2.1.3　地表移动盆地的变形分析

　　实测表明，地表点的移动轨迹取决于地表点在时间和空间上与工作面相对位置的关系[26]。如图 2.4 所示，可以将一个点的移动向量分解为垂直分量和水平分量，水平分量称为水平移动，垂直分量称为下沉。垂直于断面方向的水平移动称为横向水平移动，沿断面方向的水平移动称为纵向水平移动。为了方便研究，可以将三维空间的移动问题简化成沿走向断面和沿倾向断面的两个平面移动问题。

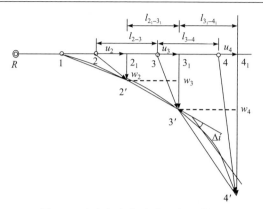

图 2.4　地表各点的移动和变形分析

R 为控制点；l 为两点间距离；u 为水平方向位移；w 为各点下沉值；Δi 为两点之间的斜率

地表移动变形取决于地表点在时间和空间上与回采工作面相对位置的关系[27]，是指下沉和水平移动，它是点的绝对移动量。描述地表移动变形的物理参数有倾斜变形、曲率变形、水平变形、下沉、水平移动、扭曲变形和剪切变形。

在地表移动盆地内，地表各点的移动方向和移动量各不相同。一般在地表移动盆地主断面上，通过设观测点来研究地表各点的移动和变形。图 2.4 表示在地表移动盆地主断面上设置几个观测点，在地表移动前后，测量各观测点的高程和测点间距，通过计算可得到各观测点的移动量和变形量[28]。

1. 倾斜变形

地表倾斜变形是指相邻两个点的竖向距离与水平距离的比值，即盆地沿某一方向的坡度，通常用 i 来表示。在图 2.4 中 2、3 为相邻的两个观测点，其下沉距离为 $w_3 - w_2$，则 2、3 点间的倾斜变形为

$$i_{2-3} = \frac{w_3 - w_2}{l_{2-3}} = \frac{\Delta w_{3-2}}{l_{2-3}} \tag{2.1}$$

式中：w_2、w_3 为地表相邻两点 2、3 的下沉值；l_{2-3} 为地表相邻两观测点 2、3 的水平距离。

2. 曲率变形

地表曲率变形是指两相邻线段斜率的差值与两相邻线段中点间的水平距离的比值。它反映断面上观测线的弯曲程度。如图 2.4 中 2、3、4 三个相邻的观测点，可以划分为 2-3 和 3-4 两个线段，根据式(2.1)分别计算得到倾斜值 i_{2-3} 和 i_{3-4}，而 $i_{2-3} \neq i_{3-4}$ 使地面形成弯曲，产生曲率变形。以 K 表示曲率，则有

$$K_{2-3-4} = \frac{i_{3-4} - i_{2-3}}{\frac{1}{2}(l_{2-3} + l_{3-4})} = \frac{2\Delta i_{2-3-4}}{l_{2-3} + l_{3-4}} \tag{2.2}$$

式中：i_{2-3}、i_{3-4} 为地表 2、3 点之间的斜率和 3、4 点之间的斜率；l_{2-3}、l_{3-4} 为地表 2、3 点之间的水平距离及 3、4 点之间的水平距离。

在观测点为等间距的情况下，图 2.4 中 2、3、4 点间两线段的平均曲率计算公式可简化为

$$K_{2-3-4} = \frac{\Delta i_{2-3-4}}{l} \tag{2.3}$$

为了使用上的方便，曲率变形有时以曲率半径 R 表示，即

$$R = 1/K$$

3. 水平变形

地表水平变形是指两个相邻观测点在水平方向上的移动差值与两观测点水平距离的比值。它反映相邻两个观测点单位长度的水平移动差值，称为水平变形。通常以 ε 表示

$$\varepsilon_{2-3} = \frac{u_3 - u_2}{l_{2-3}} = \frac{\Delta u_{2-3}}{l_{2-3}} \tag{2.4}$$

式中：u_2、u_3 为地表观测点 2、3 在水平方向上的移动值；Δu_{2-3} 为地表观测点 2、3 在水平方向上的移动差值；l_{2-3} 为地表观测点 2、3 的水平距离。

水平变形实际上就是拉伸和压缩变形，有正负之分，正值表示拉伸变形，负值表示压缩变形。由式(2.4)计算的结果是线段的平均变化率，反映单位长度的变化量。

4. 下沉

地表观测点的沉降叫下沉，是地表移动向量的垂直分量，用 w 来表示。地表观测点下沉反映了观测点不同时刻在垂直方向上的变化量。地表下沉值可以用地表观测点 n 的 m 次观测与首次观测的标高差表示：

$$w_n = h_{n0} - h_{nm} \tag{2.5}$$

式中：w_n 为地表观测点 n 的下沉值；h_{n0}、h_{nm} 为地表观测点 n 首次和 m 次观测时的高程。

下沉值有正负之分，观测点下沉为正，观测点上升为负。

5. 水平移动

地表移动盆地中某一观测点沿某一水平方向的位移称为水平移动，用 u 来表

示。地表水平移动可以用某一观测点 n 的 m 次与首次测得的从该点至控制点水平距离差表示：

$$u_n = l_{nm} - l_{n0} \tag{2.6}$$

式中：u_n 为地表观测点 n 的水平移动；l_{n0}、l_{nm} 分别为地表观测点 n 首次和 m 次观测时测得的从该点到控制点 R 间的水平距离，mm。

水平移动可以根据移动方向划分正负，在倾斜断面上，移动方向指向矿层上山方向的为正值，移动方向指向矿层下山方向的为负值；在走向断面上，移动方向指向走向方向的为正值，移动方向逆向走向方向的为负值。

6. 扭曲变形

地表扭曲变形可以用地表移动盆地内两条平行线的倾斜差与两平行线间距的比值来表示。图 2.5 为地表扭曲变形示意图。扭曲变形通常用 S 表示，并按式 (2.7) 计算：

$$S = \frac{i_{AB} - i_{CD}}{l} = \frac{\Delta i_{AB-CD}}{l} \tag{2.7}$$

式中：i_{AB}、i_{CD} 分别为 AB、CD 两条平行线的倾斜变形；l 为 AB、CD 两条平行线的间距。

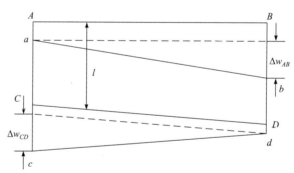

图 2.5　地表扭曲变形

7. 剪切变形

地表剪切变形是指地表移动盆地内单元正方形直角的变化。图 2.6 是剪切变形分析示意图。剪切变形通常用 γ 表示，并按式 (2.8) 计算：

$$\gamma_{x,y} = \frac{u_{Ax} - u_{Bx}}{l_y} + \frac{u_{Ay} - u_{By}}{l_x} = \frac{\Delta u_x}{l_y} + \frac{\Delta u_y}{l_x} \tag{2.8}$$

式中：$\dfrac{\Delta u_x}{l_y} = \gamma'_x$，为单元正方形在 x 方向上的歪斜；$\dfrac{\Delta u_y}{l_x} = \gamma'_y$，为单元正方形在

y 方向上的歪斜。

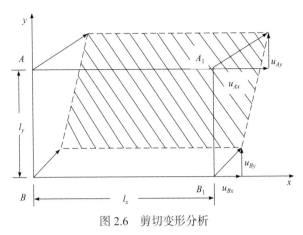

图 2.6　剪切变形分析

2.1.4　地表移动和变形对建筑物的影响

　　地下开采引起的地表移动和变形，对影响范围内的地表建筑物将产生影响。这种影响一般是由地表通过建筑物基础传到建筑物，而使建筑物产生移动和变形。各类建筑物由于结构不同，承受地表移动变形的大小亦有不同。但是，各类建筑物都有一个能承受的最大允许变形值。由开采引起的建筑物变形刚达到最大允许变形值时，建筑物受到的损伤一般不会太严重，仍可维持建筑物的正常使用。若建筑物变形大于最大允许变形值时，建筑物将受到损害，严重的甚至会倒塌。图 2.7 为各种地表移动和变形对建筑物的破坏作用。

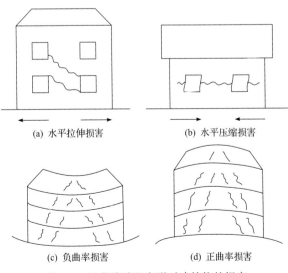

(a) 水平拉伸损害　　　　　　(b) 水平压缩损害

(c) 负曲率损害　　　　　　　(d) 正曲率损害

图 2.7　地表移动和变形对建筑物的损害

　　图 2.8～图 2.11 为作者在北方某煤矿机械制造厂考察时拍摄的照片,展示出建筑物在煤矿开采沉陷影响下发生的损伤破坏。

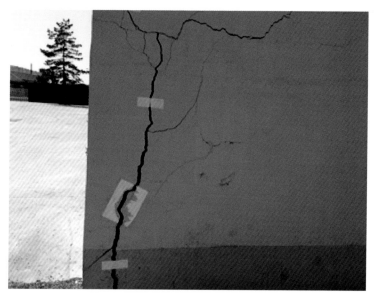

图 2.8　煤矿开采沉陷影响下墙体产生斜裂缝

图 2.9　煤矿开采沉陷影响下窗户过梁发生破坏

图 2.10　煤矿开采沉陷影响下部分墙体发生倒塌

图 2.11　煤矿开采沉陷影响下地面发生开裂

2.2　开采岩层变形理论

现今,岩石本构关系和经典破坏准则大多都是在金属材料力学形态的基础上建立起来的[29]。然而不论从微观角度还是宏观角度分析,岩石和金属材料的破坏形式和准则都有很大不同。本节从宏观角度来描述岩石的破坏机理。

岩石的破坏形式在外荷载作用下是多种多样的。这主要与荷载的温度、作用方式及湿度有关[30]。一般在低应变率、低温以及低围压状态下,岩石的破坏主要为脆性;而在低应变率、高温及高围压状态下,岩石的破坏主要为塑性或者塑性流动。如果把拉应力作用考虑在内,岩石的主要破坏形式如图 2.12 所示。

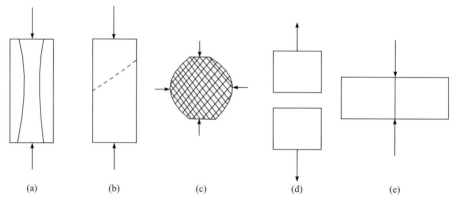

(a)　　　　　　(b)　　　　　　(c)　　　　　　(d)　　　　　　(e)

图 2.12　岩石的主要破坏形式

(a) 在单轴压力作用下试件的破坏形式为劈裂破坏;(b) 在中等围压作用下试件的破坏形式为剪切破坏,并且在 45°左右发生了破坏;(c) 在较高围压条件下试件破坏形式为塑性破坏,并且多个面出现了剪切破坏;(d) 在拉应力作用下试件的破坏形式为拉断破坏;(e) 在线性压力作用下试件的破坏形式为劈裂拉伸破坏。以上破坏形式是在完整岩石上发生的。而不完整岩石内部分布有裂隙,在外荷载作用下由于岩石自身的力学特性和裂隙的分布,岩石的受力情况会更加复杂

从损伤力学的角度出发[31],岩石不是一个状态破坏而是一个过程破坏。图 2.13 为在试验条件下岩石的破坏过程曲线图。

这个过程可以归结为 5 个阶段:第一阶段(OA 段)为岩石荷载初期加载。此时受力试件处于弹性阶段,施加的荷载和试件的位移呈线性变化的关系。这是因为试件内部的原始裂纹慢慢闭合,增加了试件的稳定性和完整性。随着不断地加载外荷载,试件的变形进入到曲线的第二阶段(AB 段)。从曲线 AB 段可以看出试件呈现出非线性变形,原始裂纹稳定出现并向外扩展,而应力集中处使试件内出现了新的裂纹,试件发生塑性变形。当外荷载强度达到试件的峰值强度时,在外荷载作用下试件内部的裂纹失去稳定并快速地向外扩展,试件的变形进入第三阶段

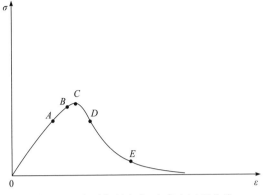

图 2.13　岩石典型应力-应变全过程曲线

（BC 段）。同时试件在主应力方向上有规律地逐渐贯通、汇合而形成大的裂纹。从宏观上看，当试件大变形时荷载增加却很小。当外荷载强度超过峰值强度 C 后，试件的变形进入第四阶段（CD 段）。这个阶段叫作应变软化区。这个阶段的曲线是在伺服试验机或刚性试验机上获得的。在峰值强度之后的第五阶段（DE 段），试件的变形继续增大，但承载力却在下降，主要原因是试件变形主要控制裂纹在试件内部形成贯通裂纹。E 点之后的过程叫作岩石的蠕变阶段，此时试件承载力较小，较小的外荷载就会引起试件较大的变形。

2.2.1　围岩变形的影响因素

1. 自然因素

1）岩石性质和构造特征

一般来说，较小受力后容易发生变形和破坏，并且发生的频率比较高的岩石称为软弱岩石。与此相反，受力后不易发生变形和破坏的岩石称为坚硬岩石，但是这种岩石如果发生破坏，就会是大规模的。

另外，岩石的构造也会对巷道的规模和变形破坏性质造成影响，特别容易引起巷道冒顶的岩层是由许多断层、光滑节理面和杂物组成的岩石[31, 32]。

2）巷道埋深

较大埋深时，因为上覆岩层的重量比较大，巷道顶部受到较大的支撑力，容易在底板较弱的巷道底部发生鼓起的现象；并且加大埋深会使围岩的温度增加，围岩由脆性转化为塑性使巷道发生塑性变形。

3）岩石倾角

倾角与岩石的破坏形式有很大关系。一般情况下顶板下沉和弯曲出现在水平岩层中。底板滑落、鼓帮出现在急倾斜及倾斜岩层中。

4) 地质构造因素

构造带是由黏结力及摩擦力很小的断层、岩块组成的。所以，在地质构造带中开挖时，会发生不同规模的冒顶。

5) 水的影响

水在巷道围岩中的含量比较多时，巷道的变形和破坏将会加剧和加快，尤其是裂隙和节理比较多的岩石。由于水的存在，破碎块之间的摩擦系数会减小，因此造成岩石强度的降低。

6) 时间因素影响

时间效应是岩石所特有的，特别是地下巷道的围岩。在各种因素的共同作用下，巷道围岩因各种环境因素的作用，其强度逐渐降低。由工程实践可知，所有的岩石都具有时间效应，只要作用的时间足够长，即使是作用很小的应力也会使岩石发生变形。

2. 采动因素

(1) 巷道的掘进方式、支护方式以及开挖完成后是否立即支护都会影响巷道围岩变形。

(2) 周围环境状态。当巷道开挖完成后，再次对巷道进行采动以及采动方向都会对巷道围岩的稳定性产生影响。而这样的回采工作发生的频率是较高的[30]。

2.2.2　煤层开采方法

井下采煤方法较为常见，多应用于开采不同层次的煤矿资源。若煤层实际倾角超过 10°，应选用水平开采方式，将水平开采层划分为各子采区，完成第一水平煤层开采后，实施下一层的开采。若对近水平煤层开采，应将其划分为多个盘区，以中间煤层为核心展开开采，完成之后再开采较远的煤层。若存在多个煤层，先对第一水平煤层实施开采，之后循序渐进自上而下，对第二水平煤层实施开采。井下采煤方法包含两种方式，即旱采和水采，一般旱采应用频次较多，该方式又包含两种采煤法，其中壁式采煤法效率较高，产量较大，柱式采煤法耗损成本较低，但效率不佳。

露天采煤为最初应用的采煤方式，其主要将井田划分为多个水平分层，遵循自上而下逐层开采。首先需将煤炭松动破碎，之后利用采掘设备整体采出，并通过运输设施将煤炭输送至指定地点。对于浅煤层资源，采用露天采煤可在短期内开采煤炭，阻力较小，同时资源回收利用率较高。但该方法需占据较大面积的土地，对环境也会造成一定污染，因此阻碍了该方法的推广及应用。

急倾斜煤层开采方法，核心是需将煤矿划分区域，最大限度地加大采空区的尺寸及存储量。具体划分区域时，应全方位考量生产设备及回采工艺的实际要求，确保划分合理性。为确保开采顺利实施，应将采空区走向长度和阶段垂直高度适当增加。此外，生产过程中，需将巷道位置予以优化，确保生产作业面拥有良好的通风。

第3章　地震动力作用及能量消耗原理

3.1　耗散结构理论

耗散结构理论是普里戈金(I. Prigogine)于1969年在"理论物理与生物学"国际会议上,针对非平衡统计物理学的发展而提出的关于耗散结构性质、形成、稳定和演变规律的理论。耗散结构理论对当代自然科学和社会科学发展的影响日益显著,甚至有人认为它代表了下一次的科学革命。1977年,普里戈金因对热力学和非平衡结构特别是关于耗散结构理论的贡献被授予诺贝尔化学奖[33,34]。

普里戈金研究了性质不同的系统在远离平衡态时的不可逆过程,如流体力学中的贝纳尔对流,化学中的B-Z振荡反应,物理学中的激光,以及生物进化、生命形成和社会等现象,发现这些过程具有与平衡或近平衡过程十分不同的图像[35],如图3.1~图3.3所示。

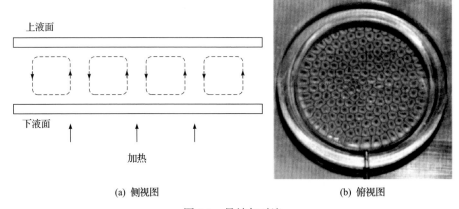

(a) 侧视图　　　　　　　　　　　　(b) 俯视图

图 3.1　贝纳尔对流

普里戈金研究分析了以上现象后,认为在一个开放系统中,系统从平衡态到近平衡态再到远离平衡态的一种非线性区时,当系统某一个参量的变化达到一定阈值时,系统就会由原来的混乱无序状态变成一种在时间、空间和功能上有序的结构。系统需要不断地与外界交换物质和能量来维持这种稳定性,这种形成的新的稳定有序结构称为耗散结构。这种系统在一定的外界条件下自行产生的组织性和相干性,称为自组织。因此,耗散结构理论又称为非平衡系统的自组织理论[36]。

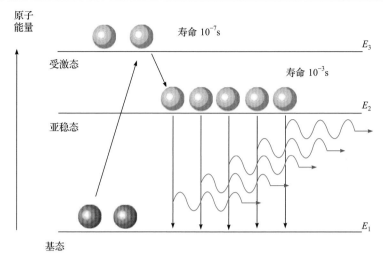

图 3.2　激光产生过程

图 3.3　B-Z 振荡反应图示——同心圆花纹

在自组织理论研究中，学者更加注重分析对系统有序程度的描述，研究了有序程度变化的原因、机制等。普里戈金在研究大量系统的自组织过程之后，总结、归纳了系统形成耗散结构需要的一定条件[37]。

第一，系统必须是一个开放系统。根据热力学第二定律，一个孤立系统中的熵会自发地趋向于极大，因此，孤立系统不可能自发地产生新的有序结构。然而，对于一个开放系统来说，熵(S)的变化可以分为两部分，一部分是系统本身的不可逆过程产生的熵的增加，即熵产生，$\mathrm{d}_i S$永远是正的；另一部分是系统通过与外界交换物质和能量产生的熵流，$\mathrm{d}_e S$可正可负。整个开放系统中熵的变化$\mathrm{d}S$就是这两项之和，$\mathrm{d}S = \mathrm{d}_e S + \mathrm{d}_i S$，如图3.4所示[38,39]。

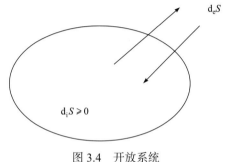

图3.4　开放系统

根据熵增加原理，$\mathrm{d}_i S \geqslant 0$（平衡态$\mathrm{d}_i S = 0$），而$\mathrm{d}_e S$可以大于或小于零。如果$\mathrm{d}_e S$小于零，其绝对值又大于$\mathrm{d}_i S$，则$\mathrm{d}S = \mathrm{d}_e S + \mathrm{d}_i S < 0$。

第二，系统远离平衡态。当系统远离平衡态时会出现新的规律性，只有这样系统才有可能形成新的有序结构。系统只有在远离平衡态的时候才能在不违背热力学第二定律的条件下向有序、有组织、多功能方向进化。

第三，系统内存在非线性的相互作用。系统的各个元素之间存在非线性的相互作用是形成耗散结构的另一个基本特性。如果系统中不存在非线性相互作用，将不会产生负熵流，也就不可能产生耗散结构[38]。

第四，系统发生涨落，促使系统从无序向有序演化。涨落促使系统从不稳定的状态跃迁到一个新的稳定的有序状态，是形成新的稳定有序结构的杠杆。耗散结构理论的另一个重要结论是，涨落导致有序。

耗散结构理论在普里戈金提出以后，在自然科学和社会科学的诸多领域展现出美好的广阔前景，与协同论、突变论并称为现代科学方法论的"新三论"。美国著名未来学家阿尔文·托夫勒(Alvin Toffler)在评价普里戈金的思想时，认为它可能代表了一次科学革命[40]。

随着许多学者将耗散结构理论不断发展与成熟，耗散结构理论已成为其他学科的热门研究工具。它不仅被广泛应用于航天控制、机电工程、控制工程、通信工程、动力工程、环境工程、生态工程、交通工程、生命系统及社会、经济、教育系统诸多领域，也为探索复杂系统提供了新的思维方式和解决方法[41]。

3.1.1 耗散结构理论在工程中的应用

近年来，土木工程领域的科学研究发展迅速，通常以力学理论为基础分析土木工程问题，但国内外许多学者尝试借鉴其他学科领域的理论来分析土木工程问题。耗散结构理论的提出就引起了许多学者的注意，他们尝试从能量角度来分析土木工程问题，并取得了很多成果。

谢和平等[42]认为岩石在变形破坏过程中，岩石本身与外界进行着能量和物质的交换，即所研究的系统是一个开放系统，需要采用非平衡的热力学理论——耗散结构理论。他们指出在岩石损伤演化的整个过程中，岩石中产生的裂缝从无序逐渐向有序发展，最终许许多多细小裂缝汇聚形成宏观大裂缝致使岩石失稳破坏，因此岩石的损伤演化过程是一个岩石向外界耗散能量的不可逆过程。谢和平等依据损伤理论，并结合热力学理论和弹塑性理论，对岩石的损伤过程进行了唯象分析，通过定义特定的损伤变量，建立损伤演化方程：

$$Y = \rho \frac{\partial \varPhi}{\partial \omega} = f(T, \omega, \boldsymbol{\sigma}, \boldsymbol{\varepsilon}, C_i, \cdots) \tag{3.1}$$

式中：Y 为损伤能量释放率；$\varPhi$ 为热力学势；ρ 为密度；ω 为损伤变量；T 为温度；$\boldsymbol{\sigma}$ 为应力张量；$\boldsymbol{\varepsilon}$ 为应变张量；C_i 为能量参数。并在此基础上建立损伤本构方程。

韩素平等[43]从系统能量的角度出发，运用耗散结构理论，深入分析了岩石类材料的极限承载力、破裂过程及其变形过程中的能量变化、宏观应力-应变关系等，从而更深入地揭示岩石类材料力学特性的本质。

岩石材料的受力变形过程中，系统内储存的能量为

$$W = W_1 - W_2 \tag{3.2}$$

式中：W_1 为外界对岩石材料做的功；W_2 为岩石材料释放出去的能量。W、W_1、W_2 都是与时间有关的状态变量，式(3.2)两边同时对时间 t 求导，得

$$P = P_1 - P_2 \tag{3.3}$$

式中：P、P_1、P_2 分别为岩石储能率、外界对岩石做功功率以及岩石材料的耗能功率，其变化如图 3.5 所示。

王艺霖和张辉[44]将耗散结构理论引入混凝土结构损伤问题的分析和处理中，针对耗散结构理论适用条件(开放系统；系统必须处于非平衡态；系统内存在非线性相互作用；涨落导致有序)，讨论了混凝土结构的适用性，并在熵流理论的启示下得到了处理工程结构损伤的两大思路。

(1)增强结构的"负熵流"，使 d_eS 远小于零，可以简称为"补法"。可以借用中医中的"扶正"来表示。具体处理措施可以对损伤的结构进行加固补强，更换损伤构件。

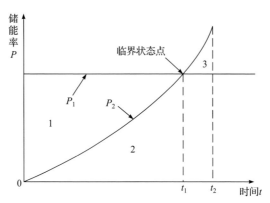

图 3.5　岩石受外荷载变形过程的能率变化

(2)减少结构内熵增 d_iS 和消减外界带来的正熵（$d_eS > 0$ 时），使之趋向于零，可以简称为"泻法"。可以借用中医中的"祛邪"来表示。具体措施可以采用各种管理养护措施，避免并减缓外界的侵蚀作用。

游鹏飞和牟瑞芳[45]针对传统的耗散结构理论的缺陷，指出"熵"是一个状态函数，不能作为能量输入或输出，只能依附在一定能量上，提出了"熵变能"的概念。并指出除了"直接负熵"促进耗散结构有序化外，还可以对"直接负熵"替代、弥补、改善和加强，即"间接负熵"，它可折算成一定数量的"直接负熵"。在此基础上，提出了促使地铁隧道塌方的"负熵变能"的计算方法：

$$Q_y = Q \frac{\sum_i P_i}{i} \tag{3.4}$$

式中：Q 为地铁隧道施工开挖输入的总能量；i 为能量运动与变化的状态数或自由度；P_i 为能量第 i 种状态的发生概率。

经过数值理论推导，得到了"负熵变能"的计算公式，在此基础上推导出地铁隧道塌方能量的损伤演化方程，并对围岩开挖变形过程进行了分析，如图 3.6 所示。

宋培玉和谢能刚[36]在耗散结构理论的基础上，指出了建筑物在地震过程中，结构的动稳定性是衡量结构抗震能力的重要表征，建筑物倒塌的原因是结构丧失了稳定性：在地震作用下，系统中输入了一股持续巨大的能量流，促使结构从原平衡态构形发展到远离平衡态的构形（包括位移构形与能量构形），当构形达到一定的阈值时，将诱发结构发生涨落，打破原有的状态，并沿着若干不稳定的分支（不同的破坏形式），进入新的有序状态（结构倒塌）。宋培玉和谢能刚提出的

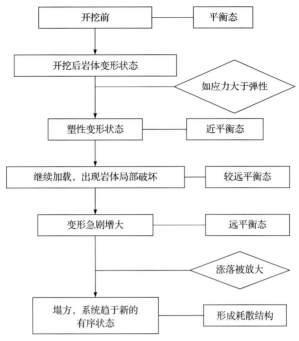

图 3.6　塌方耗散结构的形成过程

上述观点，很好地将地震作用下结构倒塌的表象和本质统一起来，即将结构的动刚度破坏和动稳定性破坏统一起来，还反映出结构在强震持续作用时间内能量的累积破坏。所以，宋培玉和谢能刚认为结构"大震不倒"的动稳定性判据是能量破坏准则。

利用有限元方法，计算结构的哈密顿函数，即结构能够吸收的能量，作为结构抵抗地震作用能力的衡量。式(3.5)和式(3.6)为结构的哈密顿函数计算公式和能量测度取值：

$$H = \frac{1}{2}\dot{\mathbf{y}}\mathbf{M}\dot{\mathbf{y}} + \frac{1}{2}\mathbf{y}\mathbf{K}\mathbf{y} \tag{3.5}$$

式中：$\dot{\mathbf{y}}$ 和 $\mathbf{y}$ 为结构的速度列向量和位移列向量；$\mathbf{M}$ 和 $\mathbf{K}$ 为结构的质量矩阵和刚度矩阵。

能量测度取地震作用时间区间[0,T]哈密顿函数的最大值：

$$F = \underset{t \in [0,T]}{\mathrm{Max}}\{H(t)\} \tag{3.6}$$

3.1.2　耗散结构动力能量方程

根据结构动力学理论，多自由度结构体系的动力平衡方程如下：

$$M\ddot{x}(t) + C\dot{x}(t) + f_s(\dot{x}(t), x(t)) = M\ddot{x}_g(t) \quad (3.7)$$

式中：M 为质量矩阵；C 为阻尼矩阵；$f_s(\dot{x}(t), x(t))$ 为弹塑性体系的抗力矩阵，$f_s(\dot{x}(t), x(t)) = K'x(t)$，其中 K' 为非线性刚度矩阵，$x(t)$ 为 t 时刻的位移列向量；$\ddot{x}(t)$ 为 t 时刻的加速度列向量；$\dot{x}(t)$ 为 t 时刻的速度列向量；$\ddot{x}_g(t)$ 为 t 时刻的地面地震波加速度。

式(3.7)两边同时对位移 x 进行积分，根据文献[46]的推导变换，得到基于能量的平衡方程如下：

$$\int M\ddot{x}(t)\mathrm{d}x(t) + \int C\dot{x}(t)\mathrm{d}x(t) + \int f_s(\dot{x}(t), x(t))\mathrm{d}x(t) = \int M\ddot{x}_g(t)\mathrm{d}x(t) + \int p\mathrm{d}x \quad (3.8)$$

能量平衡方程中：

$E_I = \int M\ddot{x}_g(t)\mathrm{d}x(t)$ 为地震作用输入建筑物系统的能量；

$E_U = \int p\mathrm{d}x$ 为开采沉陷作用输入建筑物系统的能量（p 为外力，x 为位移）；

$E_K = \int M\ddot{x}(t)\mathrm{d}x(t)$ 为建筑物系统的动能；

$E_C = \int C\dot{x}(t)\mathrm{d}x(t)$ 为建筑物系统的阻尼耗能；

$E_S = \int f_s(\dot{x}(t), x(t))\mathrm{d}x(t)$ 为建筑物系统的弹塑性体系抗力做功。

建筑物系统的弹塑性体系抗力做功主要包括可恢复应变能、损伤耗能、塑性耗能：

$$
\begin{aligned}
E_S &= \int_0^T \int_v \sigma^r \varepsilon \mathrm{d}V\mathrm{d}t \\
&= \int_0^T \int_v \sigma^r \varepsilon^{\mathrm{el}} \mathrm{d}V\mathrm{d}t + \int_0^T \int_v \sigma^r \varepsilon^{\mathrm{pl}} \mathrm{d}V\mathrm{d}t \\
&= \int_0^T \int_v \frac{1-d_T}{1-d} \sigma^r \varepsilon^{\mathrm{el}} \mathrm{d}V\mathrm{d}t + \int_0^T \int_v \frac{d_T-d}{1-d} \sigma^r \varepsilon^{\mathrm{el}} \mathrm{d}V\mathrm{d}t + \int_0^T \int_v \sigma^r \varepsilon^{\mathrm{pl}} \mathrm{d}V\mathrm{d}t \quad (3.9)
\end{aligned}
$$

式中：d_T 为 T 时刻的损伤值；σ^r 为弹塑性体系的恢复应力；ε 为应变量，包括弹性应变量 $\varepsilon^{\mathrm{el}}$ 和塑性应变量 $\varepsilon^{\mathrm{pl}}$；$v$ 为速度；V 为体积；t 为时间；d 为损伤值。

式(3.9)可表示为

$$E_S = E_E + E_D + E_P \quad (3.10)$$

式中：$E_E = \int_0^T \int_v \frac{1-d_T}{1-d} \sigma^r \varepsilon^{\mathrm{el}} \mathrm{d}V\mathrm{d}t$ 为可恢复应变能；$E_D = \int_0^T \int_v \frac{d_T-d}{1-d} \sigma^r \varepsilon^{\mathrm{el}} \mathrm{d}V\mathrm{d}t$ 为

损伤耗能；$E_P = \int_0^T \int_v \sigma^r \varepsilon^{pl} \mathrm{d}V \mathrm{d}t$ 为塑性耗能。

综合以上理论公式，结合耗散结构理论，建筑物系统的能量方程可表示为

$$E_F + E_H = E_W \tag{3.11}$$

式中：$E_F = E_E + E_K$ 为建筑物系统的储存可释放能量；$E_H = E_D + E_P + E_C$ 为建筑物系统的耗散能量；$E_W = E_I + E_U$ 为建筑物系统的输入能量。

综合上述研究分析，推论出煤矿采空区的建筑物系统符合耗散结构的形成条件，可以基于耗散结构理论从能量角度来分析采空区建筑物在地震作用下的破坏过程，如图 3.7 所示。

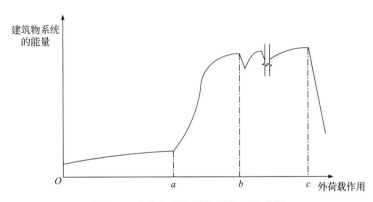

图 3.7　建筑物系统耗散结构理论分析

图 3.7 中的曲线表明，煤炭采空区建筑物系统与周围环境存在物质及能量的交换，属于开放系统，在外荷载作用下远离平衡状态。如图 3.7 中 Oa 段所示，当开采沉陷作用较小，未对建筑物造成严重破坏时，开采沉陷作用能量输入到建筑物系统中，主要以可释放应变能的形式储存在系统中，只有很小一部分通过损伤耗能及塑性耗能传递到外界，此时建筑物系统处于近平衡态。如图 3.7 中 ab 段所示，当发生强烈地震时，地震作用能量大量输入到建筑物系统中，建筑物系统内能量急剧增加，建筑物系统趋向于远离平衡态，但当系统内的能量达到一定范围后，建筑物通过系统中局部结构的非线性塑性变形及阻尼做功向外耗散能量，由于塑性变形和损伤的产生降低了构件的强度，即降低了产生塑性耗散能量和损伤耗散能量的阈值。如图 3.7 中 bc 段所示，当局部系统中积蓄的能量达到其临界值时，局部结构发生破坏，局部系统内积蓄的能量释放出来，建筑物系统进入新的远离平衡状态，直到建筑物系统整体失稳，发生涨落，进入新的层次（建筑物倒塌），如图 3.7 中 c 点以后曲线所示。

3.2　岩土动力学基本理论

3.2.1　土–结构相互作用

对采空区建筑物抗震性能的研究大多是基于刚性地基假设的，在实际场地中，建筑物的地基和基础与理想的刚性地基假设有明显不同，尤其是在煤矿采动影响下，更要考虑土体的移动变形对基础和上部结构的影响。

事实上当基础的刚度远远大于上部结构的刚度时，刚性地基假设才较为合理。如果对于采空区建筑物抗震性能的研究采用刚性地基假设，则上部结构的计算结果会由于刚性地基假设而产生较大误差。误差的产生主要源于以下几个方面：①结构的振动频率差异。刚性地基条件下，地震动力荷载直接作用于建筑物柱端，研究的只是上部结构的振动频率。而考虑土–结构相互作用后，通过土体的滤波耗能作用，结构的振动频率是地基–基础–上部结构三者协同作用下整个体系的振动频率。②地震波在传播过程中，由于土体的滤波和耗能作用将使其频谱组成和加速度峰值发生改变。③建筑物的存在使得上覆土层地基表面地震波的特性与自由场时有较大不同。因此，在煤矿采动对建筑物抗震性能影响分析中，要充分认识到地基–基础–上部结构三者协同作用的存在，共同形成一个完整的开放体系。在保证建筑物安全的前提下，尽可能提高采空区建筑物抗震设计的计算精度，而进行土–结构相互作用的理论分析是非常有必要的。

土–结构相互作用，是指建筑物在地震、风、爆炸荷载、冲击荷载等动力荷载作用下，地基土体与上部结构和基础在两者接触面上相互影响的现象。陈国兴[47]认为土–结构相互作用可分为自由场反应、运动相互作用和惯性相互作用，如图 3.8所示。自由场是指上覆岩层表面未建建筑物且未经开挖扰动的场地，地震波从 A 点传递到 B 点和 C 点处，因为土体的滤波和耗能作用，使得土体表面的运动状态不同于 A 点，即不同于刚性地基时的运动状态[图 3.8(a)]。如图 3.8(b)所示，由于上部

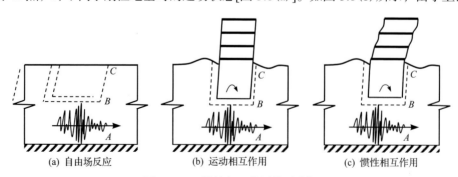

(a) 自由场反应　　　　　(b) 运动相互作用　　　　　(c) 惯性相互作用

图 3.8　土–结构相互作用体系分析

结构和基础的存在，土-结构相互接触面上的 B 点和 C 点的运动状态发生改变，主要取决于结构的自振频率和地震波的频谱特性。由运动相互作用产生的水平惯性荷载作用于上部结构，且沿着结构高度发生变化，如图 3.8(c) 所示，上部结构的运动状态又将反过来作用于土体，导致土体变形，改变基础的运动状态，又反馈于上部结构，这种惯性荷载作用下的动力相互作用称为惯性相互作用。

采空区的土-结构相互作用区别于一般的土-结构相互作用机理：一是煤矿开采对地基土体的扰动，使其物理性质和力学性能发生改变。二是煤矿开采引起的多种地表移动，使得采空区地基-基础-上部结构的协调作用机理不同于一般的土-结构相互作用。三是地基加载变化过程不同。未受煤矿开采影响的地基，其变形主要是自重引起的，变化过程主要表现为加载 → 变形；采空区建筑物的地基变形既有煤矿开采引起的地表移动变形又有自重作用，其变化过程为变形 → 加载 → 变形。采空区的土-结构相互作用主要是煤层开采后，上覆岩层经过应力重新分布后对地基-基础-上部结构协调作用。

煤矿开采对建筑物抗震性能的损害研究取得了长足发展，而较多研究没有考虑地基-基础-上部结构协调作用的重要性，实际上采动致使地基土体发生变形，而且建筑物基础与土体之间也存在相互作用。尤其是动力学计算时，将上部结构假设为绝对刚体，对柱脚施加强迫位移，实现建筑物的不均匀沉降。在采空区建筑物抗震设计计算中，所得到的计算结果与实际情况差别较大，在保证建筑物安全的前提下，这样做既不经济也不合理。

中国矿业大学的常虹等[48]认为采空区经过拉伸、压缩和扭曲等各种地表变形影响后，显然已经成为扰动土体，其孔隙比、剪切强度、饱和度等物理性质发生变化。在采空区扰动区域选择不同初始孔隙比、不同饱和度、不同法向应力的土样分别进行 DRS-1 直剪试验，试验结果表明：采空区扰动土界面的剪切强度，随法向应力的增大呈线性增大；它们随初始孔隙比的增大而增大，到一定程度后再减小；当初始孔隙比保持不变时，土界面的剪切强度随着饱和度的增大而减小，界面的剪切强度与饱和度成反比。李想[49]研究了煤矿开采引起的地表变形对建筑物地基-基础相互力学作用，以土力学、材料力学和开采损害学等为基础理论，详细分析了基础通过自身变形适应各种地表变形后产生的附加应力，计算结果表明，刚性保护措施中，应该考虑地基的刚度对基础变形的影响，基础切入地基的程度可以减小基础变形，对上部结构的附加应力越小，初始损伤越小。

煤炭科学研究总院的崔继宪、周国铨等进行了水平滑动层模型试验，水平滑动层可以减少由地表水平变形造成的基础圈梁应力集中，该试验范围内，基础圈梁的第一主应力最大值减小了 70%，表明配筋量可以适当地降低，墙壁上的斜裂缝主要是第一主应力造成的，水平滑动层增强了基础与上部结构的协同作用，减少了基础圈梁应力集中对上部结构的不利影响[50]。邓喀中等综合考虑了多种影响因素，立足于基本理论，对现有的建筑物附加应力的计算公式进行了改进[51-53]。同时指出，基础切入地基的程度控制在合理范围，可以减轻采动引起的地表移动变形对上部结构的附加变形和附加应力，减少采动对建筑物的损害，有利于提高建筑物的抗震性能。

高俊明[24]在建筑物下设置了可调基础，以有限元分析软件 ANSYS 为工具，研究了可调基础对上部结构适应地表变形能力的影响，并对可调基础的设计参数进行了改进，同时对可调基础附加应力公式进行了推导，分析了采空区建筑物受地表变形影响的特点，得出可调基础受地表变形影响时，基础与基础圈梁之间的接触面是应力集中区，为了减弱对上部结构的附加应力，此层应调整为弱层。通过模拟和理论分析得出，设置可调基础是保护采空区建筑物的有效方法。王勖成[54]以淮南矿区工程实例为研究背景，经过数值模拟、实验室试验和理论分析，提出了如何用柔性桩整体地基加固作为抗变形建筑物基础设计。江丙云等[55]以砌体结构为研究对象，从理论上揭示了地基土的正负曲率变形对基础和上部结构正负弯矩的交替影响，认为在进行砌体的结构设计时，要适当增大基础的刚度，同时选择压缩性大且较软的土层作为建筑物地基，增加基础切入地基的程度，可以很好地调节建筑物基底压力分布，使建筑物地基变形逐渐地趋于稳定。

3.2.2 土结构动力方程

有限元法是将结构求解域在空间上离散成若干仅在节点相联系的单元，进而将无穷多自由度问题转换为有限自由度问题，并且通过变分原理建立基本未知量的方程[54-57]。动力有限元是基于上述离散建立节点自由度对时间导数的常微分方程组，采用有效的数值积分法进行计算。ANSYS 瞬态分析就是基于上述基本思想，用瞬态动力学分析得到结构在各种荷载作用下随时间变化的位移、应力、应变等。

1. 动力平衡方程

根据达朗贝尔原理[68]，建立体系在地震作用下任意时刻的动力平衡方程：

$$M\ddot{u}(t) + C\dot{u}(t) + Ku(t) = -M\ddot{u}_a(t) \tag{3.12}$$

式中：M 为质量矩阵；C 为阻尼矩阵；K 为刚度矩阵；$-M\ddot{u}_a(t)$ 为地震作用下结构体系的惯性力；$u(t)$、$\dot{u}(t)$、$\ddot{u}(t)$ 分别为节点位移向量、速度向量和加速度向量。

对于式(3.12)一般采用时程分析法进行求解，得到体系在地震过程中各个时刻的位移、速度、加速度及变化情况。常用的时程分析法有线加速度法、分段解析法、中心差分法、Newmark-β 法、Wilson-θ 法等。ANSYS 软件采用隐式 Newmark-β 对式(3.12)进行求解。

2. 质量矩阵

质量矩阵 $\boldsymbol{M}$ 根据不同的物理意义可分为集中质量矩阵和一致质量矩阵[59]。集中质量矩阵，把单元的质量集中在节点上，得到的是对角质量矩阵。一致质量矩阵是由有限元法利用位移插值函数通过虚功原理得到的，整体质量矩阵可以由单元质量矩阵组合得到。在实际应用中，两种质量矩阵给出的结果差不多。一致质量矩阵动力分析计算量一般要比集中质量矩阵大，一方面因为集中质量矩阵是对角矩阵，另一方面因为集中质量矩阵考虑的自由度比一致质量矩阵小。单元一致质量矩阵可以写成如下形式：

$$\boldsymbol{M}^{\mathrm{e}} = \int_{v} \boldsymbol{N}^{\mathrm{T}} \rho \boldsymbol{N} \mathrm{d}v \tag{3.13}$$

式中：ρ 为材料的质量密度；$\boldsymbol{N}$ 为形函数矩阵。

3. 阻尼矩阵

阻尼按照产生的原因分为外阻尼和内阻尼。外阻尼是体系与外部环境介质作用产生的；内阻尼是材料内部或构件连接之间的摩擦产生的。内阻尼包括材料阻尼和结构阻尼。本书采用的是瑞利阻尼。它在黏滞阻尼的基础上，用整体质量矩阵 $\boldsymbol{M}$ 和整体刚度矩阵 $\boldsymbol{K}$ 的线性组合来表示整体阻尼矩阵 $\boldsymbol{C}$，即

$$\boldsymbol{C} = \alpha \boldsymbol{M} + \beta \boldsymbol{K} \tag{3.14}$$

$$\begin{cases} \alpha + \beta \omega_i^2 = 2\omega_i \xi_i \\ \alpha + \beta \omega_j^2 = 2\omega_j \xi_j \end{cases} \tag{3.15}$$

由式(3.15)解得

$$\alpha = \frac{2\omega_i \omega_j \left(\xi_j \omega_i - \xi_i \omega_j \right)}{\omega_i^2 - \omega_j^2} \tag{3.16}$$

$$\beta = \frac{2\left(\xi_i \omega_i - \xi_j \omega_j \right)}{\omega_i^2 - \omega_j^2} \tag{3.17}$$

式中：ω_i 和 ω_j 分别为第 i 阶和第 j 阶自振圆频率；ξ_i 和 ξ_j 分别为第 i 阶和第 j 阶

振型的阻尼比。在实际工程中，一般取体系的前两阶自振圆频率，阻尼比取 0.05，在进行动力有限元分析时采用瑞利阻尼。

在地震波传播过程中，考虑到地基土体的非线性，以及采动引起的地表移动变形对土层间力学性能和相互作用的影响，结合 ANSYS 软件的特性，通过 Drucker-Prager 模型模拟土体的应力-应变关系。定义土与结构的接触实现土体与基础之间的相互作用，Drucker-Prager 模型接近土体的实际情况，能够较好地模拟土体的许多力学性能。在地震作用下，建立考虑土-结构相互作用的建筑物动力学计算模型，如图 3.9 所示。

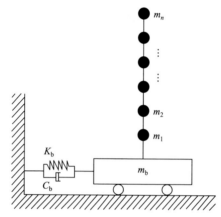

图 3.9　土-结构相互作用的建筑物动力学计算模型

$m_1, m_2, \cdots, m_n$ 为上部结构质量；m_b 为基础质量；K_b 为基础水平刚度；C_b 为基础阻尼

根据结构动力学理论相关知识，可以建立土-结构相互作用下的煤矿采动建筑物的地震动力学方程：

$$M\ddot{X} + C\dot{X} + KX = -MI\ddot{X}_g - F(t) \tag{3.18}$$

式中：$F(t)$ 为开采沉陷等效应力；$\ddot{X}_g$ 为地震地表加速度；I 为单位向量；M 为整体结构的质量矩阵；C 为基础和上部结构的整体阻尼矩阵；K 为刚度矩阵；$\ddot{X}$ 为相对加速度；$\dot{X}$ 为速度；X 为位移。

假设楼板在所处平面内刚度无穷大，把每层质量集中在楼层处；简化后，只考虑集中质量的平移运动。M、C、K 矩阵具体展开形式如下：

$$M = \begin{bmatrix} m_n & & & & \\ & m_{n-1} & & & \\ & & \ddots & & \\ & & & m_1 & \\ & & & & m_b \end{bmatrix} \tag{3.19}$$

$$C = \begin{bmatrix} C_n & -C_n & & & \\ -C_n & C_n + C_{n-1} & & & \\ & & \ddots & & \\ & & & C_2 + C_1 & -C_b \\ & & & -C_b & C_1 + C_b \end{bmatrix} \qquad (3.20)$$

$$K = \begin{bmatrix} K_n & -K_n & & & \\ -K_n & K_n + K_{n-1} & & & \\ & & \ddots & & \\ & & & K_2 + K_1 & -K_b \\ & & & -K_b & K_1 + K_b \end{bmatrix} \qquad (3.21)$$

式中：$m_1 \sim m_n$、m_b 为上部结构、基础质量；$C_1 \sim C_n$、C_b 为上部结构、基础阻尼；$K_1 \sim K_n$、K_b 为上部结构、基础水平刚度。

地震循环载荷作用下结构的阻尼作用可以消耗能量，减少建筑物结构损伤程度。能量耗散理论是研究土-结构相互作用对煤矿采动损伤建筑物抗震性能影响的一项必不可少的重要内容。地震动力作用下，结构阻尼的产生主要来自三个层次，一是材料自身层次，组成材料的微粒结构在外力作用下移动或重新排列，需要消耗能量；二是构件层次，构件之间相互接触的部位不可避免地产生摩擦作用；三是源自外部环境与结构的相互作用。阻尼的产生致使结构振动衰减。通常在地震动力响应计算中，材料的阻尼比一般小于 0.1。根据相关规范，无特殊要求的情况下对于混凝土材料阻尼比通常取 0.05。目前常用的阻尼理论有复阻尼和黏滞阻尼。在结构抗震性能分析中，阻尼与结构所承受的荷载和时间因素密切相关，因此阻尼在结构动力反应中的重要性不言而喻，本书建筑物上部结构采用瑞利阻尼。

3.3　材料本构模型

3.3.1　围岩本构模型

1. Mohr-Coulomb 模型

Mohr-Coulomb 模型是以 Mohr-Coulomb 强度准则为基础而建立的模型。Mohr-Coulomb 强度准则自建立以来，已经被运用到许多的实际工程中，经过大量的实验可以得出：Mohr-Coulomb 强度准则在定义岩土类工程材料的力学性质时功能很强大，可以很好地描述材料的力学性质。因此，在岩土工程领域 Mohr-Coulomb 模型得到了广泛的应用。修正的 Mohr-Coulomb 强度准则也被应用到了各种有限元软件中。在 ABAQUS 软件中，Mohr-Coulomb 模型的主要特点有：

(1)基于经典的 Mohr-Coulomb 强度准则;

(2)允许材料各向同性软化或硬化;

(3)流动势连续且光滑,在子午面上为双曲线,在偏平面上为分段椭圆形;

(4)与线弹性模型可以结合使用;

(5)可以应用在岩土材料单调加载的情况。

提出了 Mohr-Coulomb 模型假设:当应力较小时,材料是各向同性线弹性的,在硬化阶段为各向同性黏聚硬化。在定义强化时,需要使用柯西应力和逻辑应变。

1)Mohr-Coulomb 强度准则

Mohr-Coulomb 强度准则可以表达为

$$\tau = c + \sigma \tan \varphi \qquad (3.22)$$

式中:τ 为任意截面能够承受的最大剪应力;c 为土的黏聚力;σ 为垂直于该截面的正应力;φ 为土的内摩擦角,如图 3.10 和图 3.11 所示。

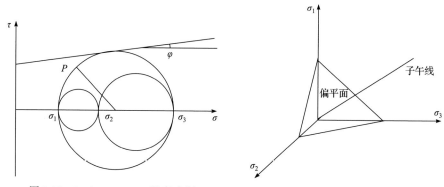

图 3.10　Mohr-Coulomb 强度准则　　　　　图 3.11　偏平面及子午线

由式(3.22)可以得出,当土体中任一点的剪应力达到某一临界值(此临界值和同一面的正应力线性相关)时,材料达到了屈服。由图(3.10)可以看出,当式(3.22)确定的直线与主应力 σ_1 和 σ_3 确定的莫尔圆相切时,材料就达到了极限状态。

2)Mohr-Coulomb 模型屈服方程和屈服面

假设主应力 $\sigma_1 > \sigma_2 > \sigma_3$,在 σ-τ 平面内,当由式(3.22)确定的直线与 σ_1-σ_3 确定的莫尔圆相切时,土体处于临界状态。如果在此状态对土体进行加载,则土体发生塑性变形。通过计算,可知图 3.10 的 P 点处的正应力为 $\dfrac{\sigma_1 + \sigma_3}{2} - \dfrac{\sigma_1 - \sigma_3}{2} \sin \varphi$,剪应力为 $\dfrac{\sigma_1 - \sigma_3}{2} \cos \varphi$。

将正应力和剪应力公式代入式(3.22)可得

$$\frac{\sigma_1 - \sigma_3}{2} = \frac{\sigma_1 + \sigma_3}{2}\sin\varphi - c\sin\varphi \tag{3.23}$$

式 (3.23) 在主应力空间中表达的是一个平面。若不限定 $\sigma_1 > \sigma_2 > \sigma_3$，则有如下六个方程：

$$\begin{cases} \dfrac{\sigma_1 - \sigma_3}{2} = \dfrac{\sigma_1 + \sigma_3}{2}\sin\varphi + c\sin\varphi & (\sigma_1 \geqslant \sigma_2 \geqslant \sigma_3) \\[2mm] \dfrac{\sigma_3 - \sigma_1}{2} = \dfrac{\sigma_3 + \sigma_1}{2}\sin\varphi + c\sin\varphi & (\sigma_3 \geqslant \sigma_2 \geqslant \sigma_1) \\[2mm] \dfrac{\sigma_1 - \sigma_2}{2} = \dfrac{\sigma_1 + \sigma_2}{2}\sin\varphi + c\sin\varphi & (\sigma_1 \geqslant \sigma_3 \geqslant \sigma_2) \\[2mm] \dfrac{\sigma_2 - \sigma_1}{2} = \dfrac{\sigma_2 + \sigma_1}{2}\sin\varphi + c\sin\varphi & (\sigma_2 \geqslant \sigma_3 \geqslant \sigma_1) \\[2mm] \dfrac{\sigma_2 - \sigma_3}{2} = \dfrac{\sigma_2 + \sigma_3}{2}\sin\varphi + c\sin\varphi & (\sigma_2 \geqslant \sigma_1 \geqslant \sigma_3) \\[2mm] \dfrac{\sigma_3 - \sigma_2}{2} = \dfrac{\sigma_3 + \sigma_2}{2}\sin\varphi + c\sin\varphi & (\sigma_3 \geqslant \sigma_1 \geqslant \sigma_2) \end{cases} \tag{3.24}$$

这六个面在空间围成 Mohr-Coulomb 模型的屈服面，此屈服面在主应力空间中是一个不规则六角锥形，如图 3.12、图 3.13 所示。

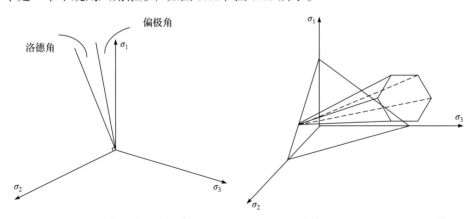

图 3.12　洛德角及偏极角示意图　　　图 3.13　主应力空间 Mohr-Coulomb 模型

设 P 点为主应力空间内的一点，ρ 为 P 点在偏平面的投影长度；θ 为 P 点在偏平面的投影与偏平面上主轴的较小夹角，称为偏极角；ξ 为 P 点在等倾线上的投影。通过坐标转换，可将 $(\sigma_1, \sigma_2, \sigma_3)$ 坐标系转换为 (ρ, θ, ξ) 坐标系，Mohr-Coulomb 屈服面方程可以表示为

$$-\sqrt{2}\xi\sin\varphi + \rho[\cos\theta - \cos(\theta + 3\pi/2)] - \rho\sin\varphi[\cos\theta + \cos(\theta + 3\pi/2)] = \sqrt{6}c\cos\varphi \tag{3.25}$$

设：

$$
\begin{cases}
P = \dfrac{\sigma_1 + \sigma_2 + \sigma_3}{2} \\[2mm]
q = \sqrt{\dfrac{\sigma_1 + \sigma_2 + \sigma_3}{2}} \\[2mm]
R_{mc} = \dfrac{1}{\sqrt{3}\cos\varphi}\sin(\theta + \pi/3) - \dfrac{1}{3}\cos(\theta + \pi/3)\tan\theta
\end{cases}
\tag{3.26}
$$

式中：P 为等效压应力；q 为 von Mises 等效压应力；R_{mc} 为 π 平面上屈服面形状的一个度量。

Mohr-Coulomb 屈服面方程可表示为

$$
R_{mc}q - P\tan\varphi - c = 0
\tag{3.27}
$$

由式 (3.27) 可以看出，内摩擦角 φ 为 $P\text{-}R_{mc}q$ 应力平面上屈服面的倾角，而 c 为 $P\text{-}R_{mc}q$ 应力平面上屈服面的截距。

当 $\sigma_1 > \sigma_2 > \sigma_3$ 时，偏极角 θ 取值范围为 $0° < \theta < 60°$。把 $\theta = 0°$、$\theta = 60°$ 分别代入式 (3.25) 中，可得偏平面上六边形的外接圆的半径比为

$$
\frac{\rho_1}{\rho_2} = \frac{3 - \sin\varphi}{3 + \sin\varphi}
\tag{3.28}
$$

由于 $0° < \varphi < 90°$，所以 $\rho_2 > \rho_1 > 0$。若不限定 $\sigma_1 > \sigma_2 > \sigma_3$，则可得另外五个外接圆的半径比，据此可以画出 Mohr-Coulomb 屈服面在偏平面的形状，如图 3.14 所示。

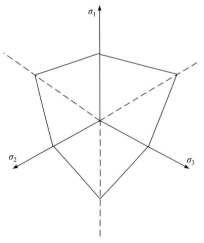

图 3.14　偏平面 Mohr-Coulomb 模型

3）Mohr-Coulomb 模型的塑性流动势

在 Mohr-Coulomb 模型中，土体被认为是各向同性的。当应力较小时，土体处于线弹性的状态。当达到初始屈服应力时，土体就会进入塑性状态，从而产生塑性应变，其塑性势能函数决定了其塑性应变的方向。Mohr-Coulomb 模型的塑性势能函数，在子午应力平面上为双曲线，而在偏平面上，Menetrey 和 Willam[60] 建议采用光滑连接的椭圆弧。其表达式为

$$
\boldsymbol{G} = \sqrt{(\varepsilon c|_0 \tan\psi)^2 + (R_{mw}q)^2} - P\tan\psi
\tag{3.29}
$$

$$R_{\mathrm{mw}}(\theta,e) = \frac{4(1-e^2)\cos^2\theta + (2e-1)^2}{2(1-e^2)\cos\theta + (2e-1)\sqrt{4(1-e^2)\cos^2\theta + 5e^2 - 4e}} R_{\mathrm{mc}}(\pi/3,\phi) \quad (3.30)$$

$$8\,R_{\mathrm{mc}}(\pi/3,\phi) = \frac{3-\sin\phi}{6\cos\phi} \quad (3.31)$$

式中：R_{mw} 为控制塑性势 **G** 在 π 平面形状的参数；ψ 为高围压下（即当 P 较大时）面上的膨胀角；$c|_0$ 为初始黏聚力，$c|_0 = c|_{\bar\varepsilon^{\mathrm{pl}}=0}$；$\theta$ 为偏极角；ε 为子午面上的偏心率，它控制着双曲线趋近其渐近线的速率，当 ε 趋于 0 时，流动势趋于一条直线；e 为偏平面上的离心率。

在 ABAQUS 中，e 的默认值按照式（3.32）计算：

$$e = \frac{3-\sin\phi}{3+\sin\phi} \quad (3.32)$$

式中：ϕ 为库仑摩擦角，采用这种计算公式的目的是让流动势在三向拉伸和压缩时与屈服方程相一致。在 ABAQUS/standard 中，也可以指定独立的摩擦角，但是值得注意的是在指定摩擦角时，要保证流动势外凸且光滑，所以 e 应满足 $1/2 < e \leqslant 1$，当 $e=1$ 时，在偏平面上描述的是 Mises 圆；当 $e=1/2$ 时，在偏平面上描述的是 Rankine 三角（由于角点不光滑，故不允许取此值）。

该流动势是连续且光滑的，确保了流动方向的唯一性。流动势在子午面上的形状如图 3.15 所示，在偏平面上的形状如图 3.16 所示。

2. Drucker-Prager 强度理论

围岩本身是以连续介质力学为主的力学模型。假设岩体都是各向同性的弹塑性材料，材料塑性屈服准则采用较符合岩土材料屈服和破坏力学特性的 Drucker-Prager 屈服准则。

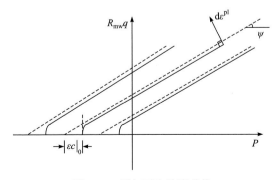

图 3.15　子午面上的流动势

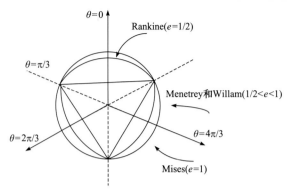

图 3.16　偏平面上的流动势

Drucker-Prager 屈服准则考虑了中间主应力和静水压力的作用，该准则已广泛应用在国内外岩土力学与工程的数值计算分析中。Drucker-Prager 屈服准则本构关系为

$$\eta = \alpha \boldsymbol{I}_1 + \sqrt{\boldsymbol{J}_1} - M = 0 \tag{3.33}$$

$$\boldsymbol{I}_1 = \alpha_i = \alpha_x + \alpha_y + \alpha_z = \alpha_1 + \alpha_2 + \alpha_3 \tag{3.34}$$

$$\begin{aligned}
\boldsymbol{J}_1 &= \frac{1}{2} S_i \times S_i = \frac{1}{6}[(\sigma_1 - \sigma_2)^2 + (\sigma_2 - \sigma_3)^2 + (\sigma_3 - \sigma_1)^2] \\
&= \frac{1}{6}[(\sigma_x - \sigma_y)^2 + (\sigma_y - \sigma_z)^2 + (\sigma_z - \sigma_x)^2 + 6 \times (\tau_{xy}^2 + \tau_{yz}^2 + \tau_{zx}^2)]
\end{aligned} \tag{3.35}$$

$$\alpha = \frac{\sqrt{3} \times \sin \varphi}{3\sqrt{3} + \sin^2 \varphi} \tag{3.36}$$

$$M = \frac{\sqrt{3} \times c \times \cos \varphi}{\sqrt{3} + \sin^2 \varphi} \tag{3.37}$$

式中：$\boldsymbol{I}_1$ 为应力张量（第一不变量）；$\boldsymbol{J}_1$ 为应力偏量（第二不变量）；c 为岩土的黏聚力；φ 为岩土的内摩擦角。

工程中常用中间主应力系数 n 来反映中间主应力 σ_2 与最大主应力 σ_1 和最小主应力 σ_3 的关系，其表达式为

$$n = \frac{\sigma_2 - \sigma_3}{\sigma_1 - \sigma_3} \tag{3.38}$$

由于 $\sigma_1 \geqslant \sigma_2 \geqslant \sigma_3$，由式（3.38）可得，$n$ 的取值范围为 $0 \leqslant n \leqslant 1$。

由式（3.38）可知，$\sigma_2 = n\sigma_1 + (1-n)\sigma_3$，参考文献[61]的做法，将 σ_2 分别代入 $\boldsymbol{I}_1$ 和 $\boldsymbol{J}_1$ 中，将其转化为 $\sigma_1 + \sigma_3$、$\sigma_1 - \sigma_3$ 及 n 的关系式，可得

$$\boldsymbol{I}_1 = \frac{3}{2}(\sigma_1 + \sigma_3) + \left(n - \frac{1}{2}\right)(\sigma_1 - \sigma_3) \tag{3.39}$$

$$\boldsymbol{J}_1 = \frac{1}{3}(n^2 - n + 1)(\sigma_1 - \sigma_3)^2 = t^2(\sigma_1 - \sigma_3)^2 \tag{3.40}$$

式中：$t = \sqrt{\frac{1}{3}(n^2 - n + 1)}$ 。

于是由式 (3.33) 可得

$$\eta = (m - n\alpha - \alpha)\sigma_1 - (m - n\alpha + 2\alpha)\sigma_3 - M = 0 \tag{3.41}$$

在岩土工程中，岩土材料的本构模型较多，每种本构模型都包含了各自的屈服、破坏、硬化准则和流动法则。其中 Drucker-Prager 屈服准则基于 Mohr-Coulomb 强度准则，考虑材料为理想的弹塑性，它的屈服面不随材料的屈服而改变，其屈服强度随着侧限压力增加而增加，该模型适用于岩体、混凝土等材料。Drucker-Prager 屈服准则可以表示为

$$\sigma_e = 3\beta\sigma_m + \sqrt{0.5\boldsymbol{S}^{\mathrm{T}}\boldsymbol{M}\boldsymbol{S}} = \sigma_y$$

$$\beta = \frac{2\sin\varphi}{\sqrt{3}\left(3 - \sin\varphi\right)}$$

$$\sigma_y = \frac{6c\cos\varphi}{\sqrt{3}\left(3 - \sin\varphi\right)}$$

式中：σ_e 为等效应力；$\boldsymbol{S}$ 为偏应力；σ_m 为平均应力；$\boldsymbol{M}$ 为常系数矩阵；β 和 σ_y 为材料常数和屈服应力；φ 为材料内摩擦角；c 为材料黏聚力。在 ANSYS 软件采用的是六边形外角点外接圆屈服准则，在此基础上 Drucker-Prager 屈服准则还可以演化成不同的修正准则如内角点的外接圆、内切圆、等面积圆等 (图 3.17)。

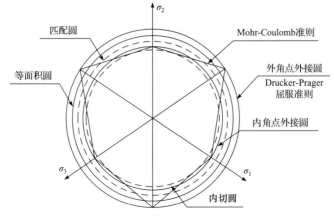

图 3.17　各屈服准则在 π 平面的形式

3.3.2　混凝土本构模型

1. 混凝土弹塑性本构模型

本构模型的选取既要考虑实用性又要充分反映材料或构件的特性,很大程度上是影响时程分析精度的主要因素之一,因此,弹塑性本构关系是时程分析的核心。杆系模型和层模型常用力学层面的弯矩-曲率描述构件的本构关系。

当上部结构由混凝土和钢筋两种不同的材料组成时,构件截面不同位置处材料不同则其屈服应力不同,若采用基于力学层面的本构关系时,只分析构件的材料组成所对应的力的影响,虽然这种分析模型较为充分地反映了构件的受力特性,但是对于一个整体框架来说,构件种类繁多,不同构件可能所受的力不同,或者同时承受几种力的作用只用弯矩-曲率描述构件的本构关系引起的误差较大,影响后续结果分析的准确性[62]。为了减小分析误差,常用的方法有调整本构模型参数;对于有轴力影响不容忽略的受弯构件,通常采用调整其屈服弯矩的方法来综合考虑轴力的影响。本书采用应力-应变层面上的弹塑性本构模型,对于钢筋混凝土复合材料而言,这种方法对构件分析是可行的,对计算机的容量和速度提出了很高的要求。为了避免这种缺陷,对钢筋和混凝土材料进行等效处理,即将钢筋弥散于整个混凝土单元中,整个单元视为连续均质材料,能够较好地反映钢筋对整个结构的贡献,又减少了计算的复杂性。

根据 Mises 屈服准则,本书采用基于应力-应变层面的弹塑性本构模型,将钢筋混凝土构件做均质等效处理:

$$\sigma_e = \sqrt{\frac{1}{2}\left[(\sigma_1-\sigma_2)^2+(\sigma_2-\sigma_3)^2+(\sigma_3-\sigma_1)^2\right]} \tag{3.42}$$

式中:σ_1、σ_2、σ_3为主应力。

屈服判别条件:$\sigma_e-\sigma_y>0$。σ_e为等效应力;σ_y为材料屈服应力。

在σ_1、σ_2、σ_3组成的坐标系中,如图 3.18 所示,Mises 屈服面是圆形。以$\sigma_1=\sigma_2=\sigma_3$进行组合叠加形成圆柱体,顺着$\sigma_1+\sigma_2+\sigma_3$矢量和的方向观察,Mises 屈服面与材料应力-应变的关系如图 3.19 所示。

ANSYS 中双线性随动强化模型服从 Mises 屈服准则和随动强化准则,主要利用弹性模量、屈服应力和切线模量三个参数,以两条直线定义材料的应力-应变关系,其

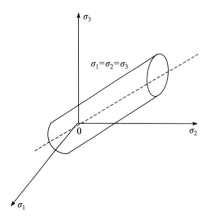

图 3.18　Mises 屈服面

中切线模量不小于零且不能大于弹性模量。双线性随动强化模型的应力-应变曲线如图 3.20 所示。

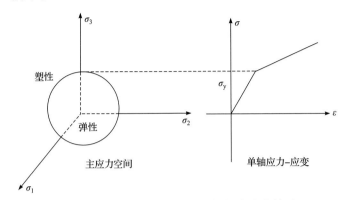

图 3.19　Mises 屈服面与材料应力-应变的关系

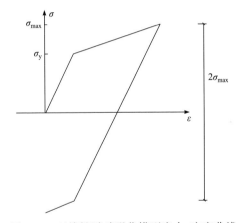

图 3.20　双线性随动强化模型应力-应变曲线

2. 混凝土塑性损伤本构模型

ABAQUS 软件中材料属性十分丰富，在土木工程研究中，用来模拟混凝土材料的主要塑性力学模型有混凝土弥散开裂模型和混凝土损伤塑性模型；用来模拟钢筋材料的主要塑性力学模型有经典金属塑性模型。混凝土弥散开裂模型适用于低围压单调加载的混凝土，主要用于钢筋混凝土结构，包括梁、桁架、壳和实体结构。混凝土塑性损伤模型采用各向同性弹性损伤结合各向同性拉伸和压缩塑性理论来表征混凝土的非弹性行为，主要用于钢筋混凝土结构分析，也可用于素混凝土结构分析。混凝土损伤塑性模型很好地考虑了混凝土材料的损伤效应，更加适合用来模拟地震作用下混凝土结构行为。本章需要考虑混凝土材料的损伤，而且需要模拟地震荷载作用，所以混凝土材料选择混凝土损伤塑性模型，钢筋材料选择经典金属塑性模型。

　　混凝土损伤塑性模型模拟的材料是各向同性的，由损伤弹性、拉伸截断和压缩塑性组成，断裂过程中，由非关联流动塑性和各向同性损伤弹性控制。混凝土损伤塑性模型主要由损伤部分和塑性部分组成。

　　往复荷载作用下，刚度恢复是混凝土力学行为中很重要的一个方面，混凝土损伤塑性模型中设定的刚度恢复系数（ω_t 和 ω_c）就是用来模拟反向加载时的刚度。大部分混凝土的试验结果表明，当荷载由拉伸变为压缩时，可使压缩刚度得到恢复；另外，混凝土压碎后，当荷载由压缩变为拉伸时，拉伸刚度将不能恢复，相当于 $\omega_t = 0$ 和 $\omega_c = 1$，这也是 ABAQUS 默认的取值。图 3.21 为单轴周期荷载作用下，当 $\omega_t = 0$ 和 $\omega_c = 1$ 时，混凝土材料低周期往复行为[46]。

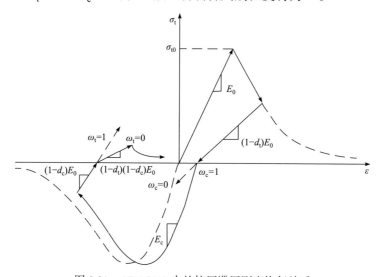

图 3.21　ABAQUS 中的拉压滞回刚度恢复关系

d_t 为受拉损伤因子；d_c 为受压损伤因子；ω_t 为受拉刚度恢复系数；ω_c 为受压刚度恢复系数；
E_0 为混凝土初始弹性模量；E_c 为受压弹性模量

　　关于 ABAQUS 软件中混凝土损伤塑性模型取值的资料并不多，一些专家学者结合《混凝土结构设计规范》（GB 50010—2010）给出了混凝土损伤塑性模型的应力-应变关系具体参数的确定方法[63]。

　　混凝土的应力-应变关系可以分为拉伸、压缩两个单轴应力-应变关系，其计算方程如下。

　　拉伸情况下：

$$\begin{cases} y = 1.2x - 0.2x^6 & (x \leqslant 1) \\ y = \dfrac{1}{\alpha_t(x-1)^{1.7} + x} & (x > 1) \end{cases} \tag{3.43}$$

式中：$y = \sigma/f_t$，$x = \varepsilon/\varepsilon_t$，$f_t$ 为混凝土单轴抗拉强度，ε_t 为与 f_t 对应的峰值拉应变；α_t 为混凝土拉伸应力-应变曲线的参数值，其计算可在《混凝土结构设计规范》(GB 50010—2010)中查找。

压缩情况下：

$$\begin{cases} y = \alpha_a + (3 - 2\alpha_a)x^2 + (\alpha_a - 2)x^3 & (x \leqslant 1) \\ y = \dfrac{x}{\alpha_d(x-1)^2} + x & (x > 1) \end{cases} \tag{3.44}$$

式中：$y = \sigma/f_c$，$x = \varepsilon/\varepsilon_c$，$f_c$ 为混凝土单轴抗压强度，ε_c 为与 f_c 对应的峰值压应变；α_a 和 α_d 为混凝土压缩应力-应变曲线的参数值，其计算可在《混凝土结构设计规范》(GB 50010—2010)中查找。

混凝土在外荷载作用下从初始无损伤状态到完全破坏，其损伤演化过程可以用损伤因子来表示，混凝土的损伤因子 d 计算如下。

拉伸情况下：

$$\begin{cases} d = 1 - \sqrt{k_t(1.2 - 0.2x^5)} & (x \leqslant 1) \\ d = 1 - \sqrt{\dfrac{k_t}{\alpha_t(x-1)^{1.7} + x}} & (x > 1) \end{cases} \tag{3.45}$$

式中：$k_t = f_t/(\varepsilon_t E_0)$，$E_0$ 为 $0.4f_c$ 时的割线模量，具体计算取值参见《混凝土结构设计规范》(GB 50010—2010)。

压缩情况下：

$$\begin{cases} d = 1 - \sqrt{k_c[\alpha_a + (3 - 2\alpha_a)x + (\alpha_a - 2)x^2]} & (x \leqslant 1) \\ d = 1 - \sqrt{\dfrac{k_c}{\alpha_d(x-1)^2 + x}} & (x > 1) \end{cases} \tag{3.46}$$

式中：$k_c = f_c/(\varepsilon_c E_0)$，具体计算取值参见《混凝土结构设计规范》(GB 50010—2010)。

3.4　数值计算的实现

在巷道工程领域中，对工程、力学问题的处理常常转换成解微分方程(边界条件给定)。但是一般情况下复杂的实际问题是不能求得解析解的，只有极少数简单的工程问题才能求得，而数值方法却能解决实际工程中的问题。求解微分方程的数值方法大致可以分为两类：一类是直接求解微分方程的数值微分，较为常用的为有限差分法，有限差分法通过离散点的差分格式替换微分方程中的微分公式而得到近似解；另一类是间接求解的数值积分，数值积分法用等效积分形式替换方程的微分形式，然后利用变分原理和加权余量理论对微分方程的等效积分进行求解[57]。实际比较成熟且应用较多的是有限单元法，有限单元法把求解域划分成大量的子求解域(单元网格)，在子域上分别采用试探函数。通过求解泛函数极值或余量的加权积分建立求解未知参数的基本微分方程，从而得到问题的近似数值解。有限元理论及求解流程如图 3.22 所示。

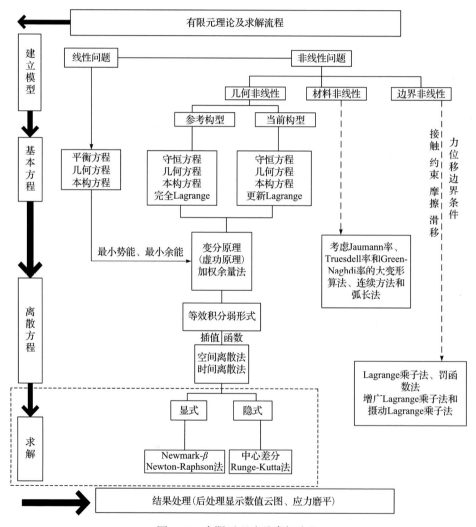

图 3.22　有限元理论及求解流程

　　巷道开挖时，围岩受到各种因素的影响，而这些因素在实际工程中是难以控制的。但是大型国际通用有限元软件 ANSYS/LS-DYNA 可以很好地解决上述问题。它通过 APDL 命令流输入，使建模和分析更加方便，对参数的研究也更加方便。

　　结合矩阵对问题进行求解是有限元的突出优点，它提供了便于运算和省时的运算方法。在这个条件下，它可以在较少时间内计算高数量级的平衡方程。因此有限元软件有利于程序语言的编写，可以充分利用计算机的高速计算性能进行大量的计算。有限元法是在原结构的基础上用有限数目的网格单元结构替代原来连续的结构，其中网格单元结构由节点相关联，进而实现连续结构的离散化，这种离散化通常发生在求解域的空间或者时间上，有限单元的离散化过程使得无限自由度不可求解问题变成了有限自由度可求解问题，而所得到的近似解随着自由度的不断增加而无限地逼近真实解，基本未知参数的微分方程组的解通常可以通过变分法得到[47, 54-57]。有限元分析一般是在空间离散的基础上建立，并进一步对时间进行离散，从而建立半离散状态的微分方程。求解则是对半离散微分方程采用数值积分进行计算。

　　(1) 单元应变矩阵和应力矩阵。

$$\boldsymbol{\varepsilon} = \left\{\begin{array}{c} \varepsilon_x \\ \varepsilon_y \\ \gamma_{xy} \end{array}\right\} = \left\{\begin{array}{cc} \dfrac{\partial}{\partial x} & 0 \\ 0 & \dfrac{\partial}{\partial y} \\ \dfrac{\partial}{\partial y} & \dfrac{\partial}{\partial x} \end{array}\right\} \left\{\begin{array}{c} \mu \\ v \end{array}\right\} = \boldsymbol{L}\boldsymbol{u} = \boldsymbol{L}\boldsymbol{N}\boldsymbol{\delta}^{\mathrm{e}} \tag{3.47}$$

　　记　　　　　　　　　　　　　　$\boldsymbol{B} = \boldsymbol{L}\boldsymbol{N}$

则　　　　　　　　　　　　　　$\boldsymbol{\varepsilon} = \boldsymbol{B}\boldsymbol{\delta}^{\mathrm{e}}$

式中：ε_x、ε_y、γ_{xy} 为平行于 xy 平面的 3 个应变分量；$\boldsymbol{L}$ 为线性微分算子；$\boldsymbol{u} = \boldsymbol{N}\boldsymbol{\delta}^{\mathrm{e}} = \left\{\begin{array}{c} \mu \\ v \end{array}\right\}$；$\boldsymbol{N}$ 为形函数，表示单元内位移与节点自由度的关系；$\boldsymbol{\delta}^{\mathrm{e}}$ 为节点位移；$\boldsymbol{\varepsilon}$ 为单元内任一点的应变张量；$\boldsymbol{B}$ 为单元应变矩阵。

$$\boldsymbol{\sigma} = \left\{\begin{array}{c} \sigma_x \\ \sigma_y \\ \sigma_{xy} \end{array}\right\} = \boldsymbol{D}\boldsymbol{B}\boldsymbol{\delta}^{\mathrm{e}} = \boldsymbol{S}\boldsymbol{\delta}^{\mathrm{e}} \tag{3.48}$$

式中：σ 为单元内任一点的应力张量；D 为与材料相关的弹性张量；S 为单位应力矩阵。

(2)生成单元刚度矩阵及总体刚度方程。

根据变分原理及最小应变余能定理有

$$\iint\limits_{A_n} \varphi^{*\mathrm{T}} N^{\mathrm{T}} \overline{F} t \mathrm{d}A + \int_{\partial A\sigma} \varphi^{*\mathrm{T}} N^{\mathrm{T}} \overline{P} t \mathrm{d}s = \iint\limits_{A_n} \varepsilon^{*\mathrm{T}} \sigma^{\mathrm{e}} t \mathrm{d}A \tag{3.49}$$

式中：A_n 为单元 n 的面积；φ^* 为试函数；t 为单元厚度；$\varepsilon^{*\mathrm{T}}$ 为虚应变；σ^{e} 为单元应力；左边第一项为单元体力 $\overline{F}$ 在虚位移上所做的虚功，第二项为单元面力 $\overline{P}$ 在虚位移上所做的虚功，若计算单元不是边界单元或边界上没有单元面力的作用，则为 0。

对式(3.49)进行化简得

$$\varphi^{*\mathrm{T}} F = \varphi^{*\mathrm{T}} \left(\iint\limits_{A_n} B^{\mathrm{T}} DB t \mathrm{d}A \right) \delta^{\mathrm{e}} = \varphi^{*\mathrm{T}} k \delta^{\mathrm{e}} \tag{3.50}$$

式中：

$$k = \iint\limits_{A_n} B^{\mathrm{T}} DB t \mathrm{d}A = B^{\mathrm{T}} DB t \Delta$$

为单元刚度矩阵。

因 $\{\varphi^*\}$ 为任意取值，而等式两边与其相乘得到的矩阵相等，则有

$$F = g\delta^{\mathrm{e}}$$

因此，对 n 个单元刚度矩阵进行装配可得到总体刚度方程：

$$H = GV$$

式中：V 为位移矩阵；G 为总体刚度矩阵，由各个单元刚度矩阵 k 装配而成；H 为荷载矩阵，由单元荷载矩阵装配而成。

为了得到体系在整个地震过程中的动力状态，需要采用时程分析法(直接动力法)。本章主要运用确定性动力时程分析法，而诸多因素对这种分析方法有一定的影响，下面对巷道围岩动力分析的时程分析法所涉及的几个问题做简单阐述，内容主要包括网格划分及时间步长、人工边界的选择和地震波输入。

3.4.1　网格划分及时间步长

单元网格的大小对动力有限元分析结果的精度和收敛性有着重要影响。单元

网格过小会引发自由度数目增加，工作量加大；单元网格过大，则会影响高频地震波的传播，计算结果的误差增大。一般情况下，单元网格的大小应满足下列要求：考虑应力与应变的部位要比只考虑位移的部位网格细；单元网格应细到能够计算感兴趣的高频波；对于非线性问题，单元网格应该细到能够反映出非线性。

廖振鹏等认为在波的传播方向上波长和单元网格大小之间应该满足一定的关系[17,64]，具体关系为对于 S 波长和单元网格最大高度应满足如下关系：

$$h_{max} = \left(\frac{1}{5} \sim \frac{1}{8}\right)\lambda_{s.min}$$

式中：$\lambda_{s.min}$ 是地震波的最小波长，由 $\lambda_{s.min} = v_s/f_{max}$ 得到，v_s 为土体剪切波速，f_{max} 为考虑的地震波最高频率。

ANSYS/LS-DYNA 所采用的显式中心差分法是有条件稳定的，只有时间步长 Δt 小于临界步长时算法才是稳定的，即

$$\Delta t \leqslant \Delta t^{crit} = \alpha\left(\frac{L}{c}\right)$$

式中：Δt^{crit} 为临界时间步长；α 为时间步长因子；L 为单元的特征尺度；c 为材料的声速；对于实体八节点，单元特征尺度为 $L = V_e/A_{emax}$，材料声速为 $c = \sqrt{E(1-\mu)/(1-\mu^2)\rho}$，其中 V_e 为单元体积，A_{emax} 为单元最大一侧的面积，E 为弹性模量，μ 为泊松比，ρ 为密度。

3.4.2 人工边界和地基截取范围

人工边界在物理上是等效体现无限介质的辐射阻尼，当前已有很多种，如黏性边界、黏弹性边界、透射边界等。目前广泛应用的边界主要有两种：一种是廖振鹏提出的透射边界[65,66]，适用于一般无限域模型。它采用等距离散点的外推公式（Newton-Gregory 公式）来推算任意人工边界节点在各个时刻的运动。廖振鹏[17]将该边界条件与"误差波多次透射"的物理机制联系起来，据此命名为"多次透射公式"（multi-transmitting formula，MTF）。MTF 以简洁的离散表达式来描述任意外行波的一般传播过程，完美地将严格的数学公式和清楚的物理机制融合在一起，其基本思想和表达形式均具有普适性。此类边界虽然没有透射边界精度高，但是物理概念清晰，在通用有限元软件上易于实现，因而其应用较广。在廖振鹏[17]的工作基础上，邢浩洁等[67]经过理论分析和波动模拟实践发现，MTF 边界的上述特征实际上奠定了一大类人工边界条件的思想和公式基础。

另一种是建立在动态子结构法上的人工边界，如黏性边界、黏弹性边界和无

限元边界[68]。李述涛等[69,70]针对二维黏弹性人工边界单元，提出了一种分析显式时域积分法稳定性的方法，建立了可代表人工边界区域特征的，包含人工边界单元的若干局部子系统；对各子系统的传递矩阵进行分析，给出了采用显式时域积分法时各子系统的稳定条件解析解。通过对各子系统的稳定条件进行对比分析，获得了采用黏弹性人工边界单元时，显式时域积分法的统一稳定性条件。毛和光[71]在黏弹性边界条件的基础上建立了传统结构和抗震结构的有限元模型，采用动力时程分析的方法对其抗震性能进行了对比分析。杜修力和李立云[72]针对无限域饱和多孔介质中波传播问题的人工边界处理方式进行了研究，提出了一种对饱和多孔介质近场波动分析的黏弹性人工边界处理方法。在考虑多孔介质中固相和液相的相互作用情况下，通过在人工边界处分别施加反映固相和液相介质波传播效应的弹簧及阻尼来模拟饱和多孔介质中波的能量辐射效应影响。刘晶波等[74]基于人工边界子结构的地震波输入方法提出了一种新方法，从而避免了需分别计算人工边界上的自由场应力和由引入人工边界条件带来的附加应力，以及需要根据不同人工边界面确定载荷的作用方向等较为复杂的处理过程，具有等效地震载荷计算简便、地震波输入过程更易于实施的特点。通过弹性半空间和成层半空间在竖直入射和斜入射地震波作用下的数值解与解析解对比，验证了该方法的正确性和有效性。

3.4.3 地震波输入

地震波根据获取的途径可分为场地实际地震记录、典型的过去地震记录和人工合成地震波。目前广泛选用的是典型的过去地震记录。地震波的特征[74]由峰值、频谱和持时三要素来描述，在动力时程分析中选取的地震波只有满足三要素的要求才能保证计算的可靠性。

(1)峰值：地震波的峰值包括位移、速度、加速度的峰值。峰值描述地震波的最强作用，当震源、震中距及场地等因素相同时，地震波峰值大小决定了地震波破坏能力的大小。因此，地震波的峰值在抗震分析中作为衡量地震波强弱的标准，通过按适当比例缩放所选用的地震记录，使选用的地震记录的峰值相当于设防烈度相对应的多遇或罕遇地震时的峰值。加速度峰值按照 $a'(t) = (A'_{\max}/A_{\max})a(t)$ 调整，其中 $a'(t)$、$A'_{\max}$ 分别为缩放后的地震加速度时间曲线和加速度峰值，$a(t)$、$A_{\max}$ 分别为原记录的地震加速度时间曲线和加速度峰值。

(2)频谱：地震波总是可以看成不同频率的简谐波的叠加，频谱是指一次地震动中振幅与频率的曲线。频谱能够反映各频率的影响程度，与地震波的传播距离、区域和场地介质的性质有关。地震波选取应满足所选地震波的卓越周期应与场地的特征周期一致，同时还要满足震中距应与场地震中距一致。频谱主要包括

傅里叶谱、反应谱和功率谱。

(3) 持时：地震波的持时通常是用振幅或能量定义。地震波持时同样是影响结构发生破坏的重要因素，不同的地震波持时所消耗的能量不同，结构的地震动力响应也不同。

地震波选取时应考虑如下原则：①地震波的持时应包含地震波最强烈的部分；②地震波的持时一般为结构基本周期的 5～10 倍；③对结构进行弹性分析时，持时可以短一些，对结构进行弹塑性或者耗能过程分析时，持时可以长一些。根据上述分析，本书选取 20s 的 EL 波，最大加速度为 150cm/s^2。

对于工程动力抗震问题，地震波的输入决定着分析结果的精度与可靠性，地震波能否合理地输入主要由人工边界的选取和地震波场的处理方法决定。地震波的输入主要包括单点输入和多点输入。单点输入是指不考虑地震波在传播过程中由于时间和空间不同造成的相位差，认为地震波在各点的相位相同，对于尺寸小于波长的一般结构，基本上可以不考虑地震波行波效应，将地震波整体以体系相同的模式输入。多点输入则要考虑地震波在传播过程中由于有差异的地形条件、差异的地质条件、不同的传播路径所造成的地表振动差异。地震传播过程中的差异主要有衰减效应、行波效应、局部场地效应、部分相干效应。本书考虑巷道与围岩的地震输入来自基岩面；不考虑行波效应，即基岩面上各点的运动保持一致；假定地震波来自基岩面向上垂直传播的压缩波和剪切波。

第二部分　巷道开挖及地震响应

第4章 巷道开挖围岩结构变形分析

4.1 开挖过程中巷道结构变形分析

4.1.1 巷道开挖模型的建立

本节建立三维有限元模型并采用显式分析，巷道截面的水平方向为 X 轴，巷道竖向为 Y 轴，巷道纵向为 Z 轴。模型尺寸为 X 向 366m，Z 向 425m，Y 向 39.4m，巷道截面为拱形，矩形为 4.6m×2.3m，上面为半径 2.3m 的半圆形，模型左右边界条件为限制节点的水平位移(即 $X=0$)，底部边界条件为限制节点的全部位移。巷道与围岩的物理参数见表 4.1，巷道埋深为 200m。围岩采用 Drucker-Prager 本构模型，巷道衬砌材料选择 C50 混凝土弹性本构。有限元模型的网格划分为 5m 左右，巷道围岩网格做加密处理。本章基于表 4.1 所建立的计算模型和有限元模型(图 4.1 和图 4.2)对拱形巷道进行数值模拟，对围岩的变形进行初步探讨。

表 4.1 自地表向下各岩层物理参数

岩层编号	密度/(kg/m³)	泊松比	厚度/m	强度/GPa	黏聚力/MPa	内摩擦角/(°)
砂质泥岩	2130	0.35	7.5	2	21.62	36.45
粉砂岩	2642	0.25	4.7	2.9	24.65	40.20
Ⅰ闪长岩	2800	0.25	9.6	8	35.68	37.83
Ⅱ页岩	2589	0.18	8.4	3.8	16.27	41.12
12 煤	1360	0.32	0.5	2.9	20.13	40.21
Ⅲ砂岩	2642	0.25	2.5	2.0	24.65	40.20
砂质泥岩	2130	0.35	3.1	2	21.62	36.45
粉砂岩	2642	0.25	2.3	2.9	24.65	40.20
11-2 煤	1360	0.32	0.5	2.9	20.13	40.21
C25 混凝土	2378	0.2	0.3	28		

　　本章在模拟初始应力场时不考虑构造应力对地应力场的影响。考虑上覆岩体自重所产生的应力场为初始应力场。模型两侧边界节点限制 X 方向位移，底部边界节点限制 X 和 Y 方向位移。

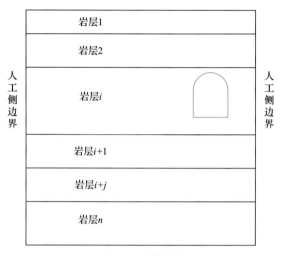

图 4.1　计算模型

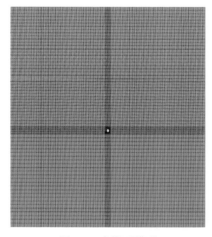

图 4.2　有限元模型

　　模型的开挖方式选择全断面开挖法，在开挖的前两秒是平衡状态，之后开始开挖。开挖就是将要进行开挖的范围设成空模型，每一次开挖 5m，总共开挖 10 步即开挖 50m 长的巷道。每一次开挖完成后立即进行喷浆，采用混凝土进行喷浆。喷浆完成之后进行下一步的开挖，依次循环直至完成第 10 步开挖即结束开挖。图 4.3 为第 1 步开挖完成后的网格图。

$$\begin{cases} \sigma_y = \gamma H \\ \sigma_x = \dfrac{\mu}{1-\mu}\sigma_y \end{cases}$$

式中：γ 为上覆岩体容重；H 为巷道埋深；μ 为上覆岩体的泊松比。

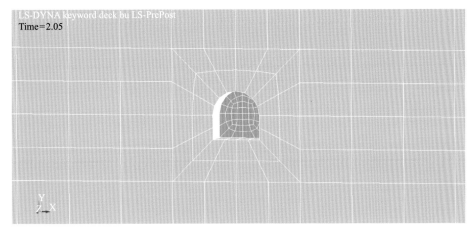

图 4.3 第 1 步开挖完成后的网格图

4.1.2 开挖巷道结构应力分析

巷道开挖过程中巷道围岩的水平应力(x 方向应力)、竖向应力(y 方向应力)、最大剪应力、最大主应力、等效应力等都会发生变化，本节主要研究巷道围岩的最大剪应力和最大主应力在开挖过程中的变化情况。对最大剪应力和最大主应力的研究主要观察分布的位置、分布状态和应力集中现象。第 1 步开挖完成后的应力云图如图 4.4 和图 4.5 所示。

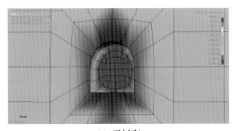

(a) 无衬砌

(b) 有衬砌

图 4.4 第 1 步开挖完成后最大剪应力云图

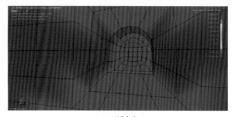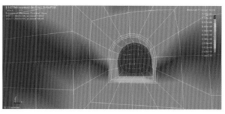

(a) 无衬砌　　　　　　　　　　　　　　　　　(b) 有衬砌

图 4.5　第 1 步开挖完成后最大主应力云图

由图 4.4 可知，开挖巷道围岩最大剪应力在巷道的顶部和底部处出现应力集中，最大剪应力为 0.9474MPa；开挖土体后进行混凝土衬砌，巷道围岩的最大剪应力为 0.9395MPa，应力集中范围明显减少。

由图 4.5 可知，开挖巷道围岩最大主应力在巷道的两侧帮处出现应力集中，分布范围从上部拱形与下部矩形交界处至底部底角处，最大主应力为–0.39235MPa；加入混凝土衬砌后巷道围岩所受最大主应力为–0.004783MPa，应力集中得到明显的改善。

第 5 步开挖完成后的应力云图如图 4.6 和图 4.7 所示。

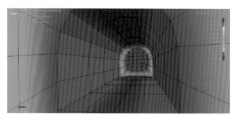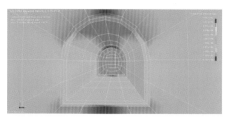

(a) 无衬砌　　　　　　　　　　　　　　　　　(b) 有衬砌

图 4.6　第 5 步开挖完成后最大剪应力云图

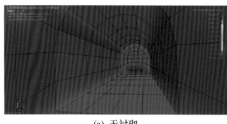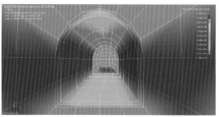

(a) 无衬砌　　　　　　　　　　　　　　　　　(b) 有衬砌

图 4.7　第 5 步开挖完成后最大主应力云图

由图 4.6 可知，第 5 步开挖完成后巷道围岩最大剪应力在巷道的顶部和底部处出现应力集中，最大剪应力为 0.9648MPa；在加入混凝土衬砌后最大剪应力为 0.9453MPa，巷道应力集中受到一定的抑制。

由图 4.7 可知，第 5 步开挖完成后巷道围岩最大主应力在巷道结构的两侧帮处出现应力集中，最大主应力为-0.3924MPa；加入混凝土支护结构后，巷道围岩最大主应力为-0.3823MPa。加入衬砌后巷道所受主应力受到一定的抑制。

第 10 步开挖完成后的应力云图如图 4.8 和图 4.9 所示。

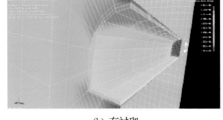

(a) 无衬砌　　　　　　　　　　　　(b) 有衬砌

图 4.8　第 10 步开挖完成后最大剪应力云图

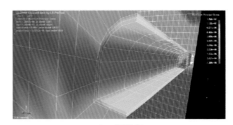

(a) 无衬砌　　　　　　　　　　　　(b) 有衬砌

图 4.9　第 10 步开挖完成后最大主应力云图

由图 4.8 可知，巷道围岩最大剪应力在巷道的顶部和底部处出现应力集中，最大剪应力为 0.9715MPa；加入混凝土衬砌后巷道围岩所受最大剪应力集中现象明显减弱，最大剪应力为 0.9652MPa。

由图 4.9 可知，巷道围岩最大主应力在巷道的两侧帮处出现应力集中，最大主应力为-0.39359MPa；加入混凝土衬砌后侧帮处应力集中现象明显减弱，最大主应力为-0.3854MPa。

随着开挖的不断推进，巷道围岩的应力集中现象不断增加，但进行衬砌支护后这种现象得到明显的改善。

4.1.3　开挖巷道结构位移分析

第 1 步开挖完成后三个方向的位移云图，如图 4.10～图 4.12 所示。

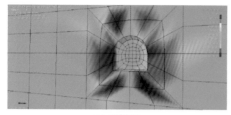 

　　　　(a) 无衬砌　　　　　　　　　　　　　　　(b) 有衬砌

图 4.10　第 1 步开挖完成后 X 方向位移云图

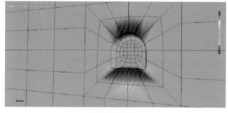 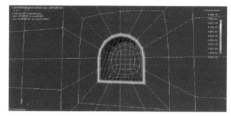

　　　　(a) 无衬砌　　　　　　　　　　　　　　　(b) 有衬砌

图 4.11　第 1 步开挖完成后 Y 方向位移云图

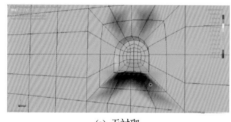 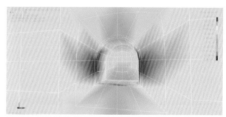

　　　　(a) 无衬砌　　　　　　　　　　　　　　　(b) 有衬砌

图 4.12　第 1 步开挖完成后 Z 方向位移云图

　　由图 4.10 可知，第 1 步开挖完成后巷道围岩在 X 方向上发生的位移极不对称，在巷道的左上部、右上部两底角处发生了正负交替的现象，且最大值发生在巷道的帮部，分别为-0.382mm 和 0.384mm。在巷道围岩加入混凝土支护后，巷道围岩在 X 方向的位移明显减小，在巷道的左侧帮部主要发生负向位移，最大值为-0.362mm；在巷道的右侧帮部主要发生正向位移，最大值为 0.365mm。

　　由图 4.11 可知，Y 向位移在巷道的顶部处发生了负向位移，在巷道的底部发生了正向位移，即巷道的顶底部发生方向相反的位移，最大值分别为-1.087mm 和 1.266mm；在巷道周围加入混凝土衬砌后，巷道围岩在 Y 方向上的位移基本没有发生变化。

　　由图 4.12 可知，Z 方向位移主要发生在巷道的顶部和底部，两侧帮处发生的位移较小，两侧帮处位移最大值为-0.01696mm，顶部处最大值为-0.08161mm；加入混凝土衬砌后，巷道的位移主要发生在巷道的两侧帮处。

第 5 步开挖完成后三个方向的位移云图，如图 4.13～图 4.15 所示。

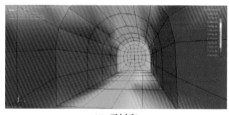
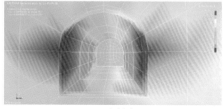

(a) 无衬砌　　　　　　　　　　　(b) 有衬砌

图 4.13　第 5 步开挖完成后 X 方向位移云图

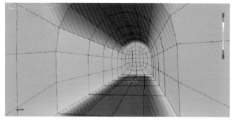

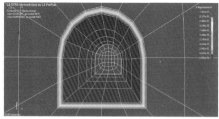

(a) 无衬砌　　　　　　　　　　　(b) 有衬砌

图 4.14　第 5 步开挖完成后 Y 方向位移云图

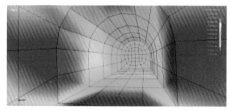

(a) 无衬砌　　　　　　　　　　　(b) 有衬砌

图 4.15　第 5 步开挖完成后 Z 方向位移云图

由图 4.13 可知，巷道围岩在 X 方向上发生的位移和第 1 步开挖完成后基本相同，随着巷道开挖的不断推进，位移不断地向里延伸，巷道围岩在 X 方向上的最大位移分别为-0.381mm 和 0.382mm。

由图 4.14 可知，随着巷道的不断开挖，Y 方向上的位移主要分布在巷道围岩的顶部和底部，并且顶部发生负向位移，底部发生正向位移，位移最大值分别为-1.314mm 和 1.312mm。

由图 4.15 可知，Z 方向上的位移随着开挖的不断推进逐渐变小，位移最大值分别为-0.016mm 和-0.031mm。

由三个方向的位移云图可以看出，第 1 步开挖完成后巷道围岩在 X、Z 方向发生的位移最大，随着开挖的不断推进巷道围岩的位移变化相对第 1 步开挖完成后较小。

第 10 步开挖完成后三个方向的位移云图如图 4.16～图 4.18 所示。

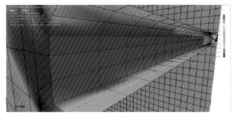 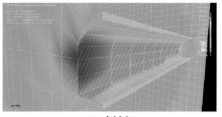

(a) 无衬砌　　　　　　　　　　　　　　　　　(b) 有衬砌

图 4.16　第 10 步开挖完成后 X 方向位移云图

 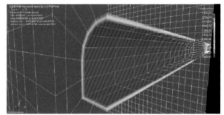

(a) 无衬砌　　　　　　　　　　　　　　　　　(b) 有衬砌

图 4.17　第 10 步开挖完成后 Y 方向位移云图

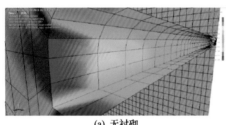 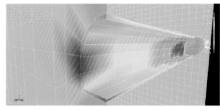

(a) 无衬砌　　　　　　　　　　　　　　　　　(b) 有衬砌

图 4.18　第 10 步开挖完成后 Z 方向位移云图

由图 4.16 可知，巷道开挖完成后围岩在 X 方向上的位移主要发生在巷道的两侧帮处，最大值分别为 −0.365mm 和 0.368mm。在巷道加入混凝土衬砌后可以看到巷道围岩发生的位移明显减小。

由图 4.17 可知，巷道开挖完成后周围围岩在 Y 方向上的位移主要发生在巷道顶部和底部处，且巷道的顶部发生负向位移，底部发生正向位移，最大值分别为 −1.352mm 和 1.361mm。

由图 4.18 可知，巷道开挖完成后围岩在 Z 方向上的位移发生量最小，分别为 −0.021mm 和 −0.015mm。

由不同开挖步下巷道围岩在三个方向上的位移云图可以看出：巷道围岩在 Z 方向上的位移主要发生在巷道第 1 步开挖完成后，而对结构影响较大的是 X、Y

方向的位移。随着开挖的进行，巷道结构在 X 方向上的位移逐渐减小，在 Y 方向上的位移逐渐增大。

4.2　巷道开挖下围岩变形影响因素分析

本节在第 3 章的基础上对大量的数值模型进行计算。对巷道开挖下围岩变形做了大量的分析，主要关于巷道开挖埋深、巷道截面形式、围岩分层、衬砌支护对围岩变形的影响进行研究。通过在巷道周边设置观测点进行观测，分析在不同因素下围岩应力和位移分布及变化。为巷道开挖围岩支护提供一些初步的参考。

4.2.1　巷道开挖埋深对围岩变形的影响

为了研究巷道开挖埋深对围岩变形的影响，本节在 50m、100m、200m、300m四种深度下建立模型。其中围岩类型为均质砂质泥岩。表 4.1 是围岩物理参数。表 4.2 是各种工况。

表 4.2　工况情况

工况	埋深/m	巷道围岩	开挖情况	边界条件
工况 1	50	均质砂质泥岩	一次全断面开挖	$x=0$，$y=0$，底端固定，上部自由
工况 2	100	均质砂质泥岩	一次全断面开挖	$x=0$，$y=0$，底端固定，上部自由
工况 3	200	均质砂质泥岩	一次全断面开挖	$x=0$，$y=0$，底端固定，上部自由
工况 4	300	均质砂质泥岩	一次全断面开挖	$x=0$，$y=0$，底端固定，上部自由

图 4.19～图 4.22 分别是工况 3 和工况 4 巷道围岩的最大主应力云图和最大剪应力云图。表 4.3 是四种工况下产生的最大主应力和最大剪应力。由图 4.19～图 4.22 可知，不同工况下巷道围岩在顶底板和帮部出现应力集中。通过分析表 4.3可知，埋深 50m 时巷道围岩最大主应力为 1402.8kPa，最大剪应力为 5970.7kPa；

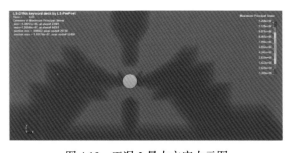

图 4.19　工况 3 最大主应力云图

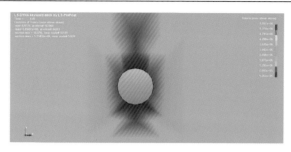

图 4.20　工况 3 最大剪应力云图

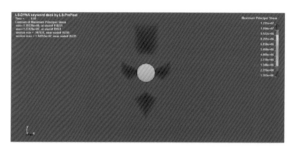

图 4.21　工况 4 最大主应力云图

图 4.22　工况 4 最大剪应力云图

表 4.3　四种工况下的最大应力

埋深/m	最大主应力/kPa	最大剪应力/kPa
50	1402.8	5970.7
100	9302.4	6672.6
200	1268.4	1261.8
300	1393.4	1250.5

埋深 100m 时巷道围岩最大主应力为 9302.4kPa，最大剪应力为 6672.6kPa；埋深 200m 时巷道围岩最大主应力为 1268.4kPa，最大剪应力为 1261.8kPa；巷道埋深 300m 时巷道围岩最大主应力为 1393.4kPa，最大剪应力为 1250.5kPa。由图 4.23 和图 4.24 可知，埋深低于 100m 时巷道围岩应力随着埋深的增加而急剧减小，200m 时这种减缓趋势趋于平缓。

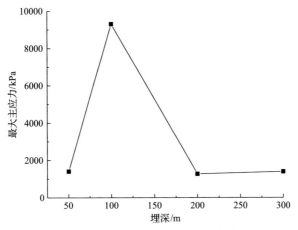

图 4.23　不同埋深处最大主应力曲线图

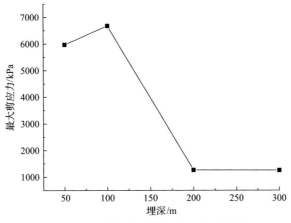

图 4.24　不同埋深处最大剪应力曲线图

由图 4.25 和图 4.26 可知，在开挖过程中巷道围岩在 X 方向产生的位移主要分布在巷道的两帮部，且左帮部围岩产生负向位移，右帮部围岩产生正向位移。这是由于在开挖过程中巷道的自重作用使巷道两边的帮部受到挤压变形；Y 方向位移主要分布在巷道的顶、底部围岩处，且顶部围岩在巷道开挖过程中产生向下的位移，底部围岩在巷道开挖过程中发生正向位移，发生顶部冒落和底部鼓起的现象。表 4.4 是开挖过程中巷道围岩的位移变化情况，巷道围岩位移主要发生在巷道两帮部和顶底围岩处。图 4.27 和图 4.28 是根据表 4.4 中的数据作出的围岩位移变化曲线图。由图 4.27 可知，巷道两帮部处围岩在 X 方向(即水平方向)发生位移，在左帮部处发生负向位移，在右帮部处发生正向位移，两帮部所发生的位移基本呈现大小相等方向相反的趋势，并且随着埋深的增加位移持续增加。由图 4.28 可知，巷道围岩 Y 方向的位移在顶部围岩处是负值，在底部围岩处是正值，呈现对称分布的趋势，并且随着埋深的增加位移持续增大。

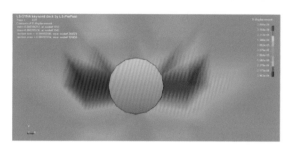

图 4.25　X方向位移云图

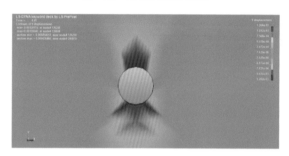

图 4.26　Y方向位移云图

表 4.4　不同埋深下 X、Y方向最终位移

埋深/m	X方向最终位移/mm		Y方向最终位移/mm	
	左帮	右帮	顶部	底部
50	−0.262	0.259	−0.366	0.366
100	−0.312	0.313	−0.857	0.858
200	−0.396	0.395	−1.282	1.266
300	−0.469	0.468	−1.877	1.839

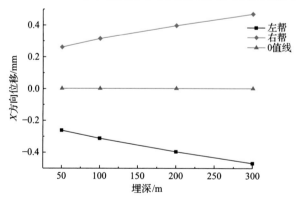

图 4.27　不同埋深下 X方向位移曲线图

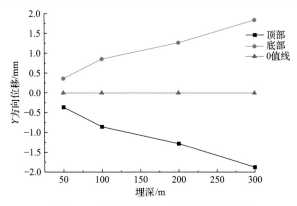

图 4.28　不同埋深下 Y 方向位移曲线图

4.2.2　巷道截面形式对围岩变形的影响

为了研究巷道围岩在不同巷道截面形式下的变形。采用圆形、拱形截面建立模型并分析。截面形式及观测点布置如图 4.29 所示。

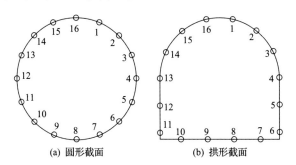

图 4.29　巷道截面形式及观测点布置

通过分析图 4.30 可知，巷道围岩最大主应力在两帮部处出现了应力集中。通过分析图 4.31 可知，巷道围岩最大剪应力在巷道顶底部出现应力集中，两种截面的最大剪应力分布基本一致。表 4.5 是两种截面巷道围岩在开挖过程中所受的最大主应力、最大剪应力以及巷道围岩在 X 方向和 Y 方向所产生的位移值。

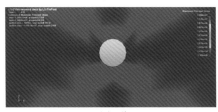
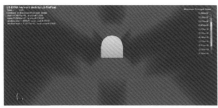

(a) 圆形截面　　　　　　　　　　(b) 拱形截面

图 4.30　不同截面最大主应力云图

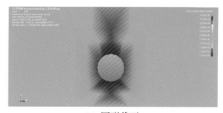

(a) 圆形截面   (b) 拱形截面

图 4.31　不同截面最大剪应力云图

表 4.5　不同截面形式下巷道围岩应力和位移分布

观测点	最大主应力/kPa		最大剪应力/kPa		X 方向位移/mm		Y 方向位移/mm	
	圆形	拱形	圆形	拱形	圆形	拱形	圆形	拱形
1	845.6	762.1	973.4	947.4	0.020	0.015	−1.087	−1.087
2	583.7	524.3	1735	1645	0.087	0.069	−0.794	−0.794
3	134.5	154.0	2184	2130	0.024	0.0202	−0.504	−0.504
4	−188.5	−141.9	2593	2428	0.040	0.035	−0.282	−0.282
5	−190.3	−106.7	2603	2542	0.041	0.038	−0.023	−0.3
6	118.0	146.2	2197	2527	0.023	0.0263	0.256	0.256
7	559.5	957.0	1756	2080	0.087	0.011	0.738	0.738
8	825.0	1084	1016	894.2	0.020	0.033	1.226	1.226
9	825.7	1079	1027	902.8	−0.019	−0.024	1.226	1.223
10	570.0	1001	1757	2100	−0.086	−0.010	0.742	0.742
11	124.1	151.1	2203	2524	−0.024	−0.026	0.259	0.259
12	−192.1	−108.5	2604	2546	−0.041	−0.039	−0.023	−0.023
13	−190.7	−142.7	2594	2431	−0.041	−0.035	−0.282	−0.282
14	140.9	158.0	2190	2137	−0.024	−0.020	−0.502	−0.502
15	594.8	534.3	1735	1647	−0.086	−0.069	−0.790	−0.790
16	846.7	762.8	998.5	957.2	−0.019	−0.014	−0.109	−1.085

　　图 4.32 和图 4.33 是两种截面巷道围岩的最大剪应力和最大主应力曲线图，两种截面的巷道围岩所受的最大剪应力和最大主应力都呈对称分布。由图 4.32 可知，圆形巷道右上帮部围岩所受剪应力大于拱形巷道，圆形巷道围岩所受最大剪应力为 2604kPa，拱形巷道围岩所受最大剪应力为 2546kPa。在拱形巷道右下帮部围岩处所受剪应力大于圆形巷道，在底部靠近底角处圆形巷道围岩所受的最大剪应力大于拱形巷道。由图 4.33 可知，在两种截面巷道的右上帮部所受的最大

主应力基本相同,在巷道的下帮部和底部拱形巷道所受最大主应力要大于圆形巷道围岩,圆形巷道围岩所受最大主应力负向最大值为−192.1kPa,发生在两帮部,圆形巷道围岩所受最大主应力最大值为 846.7kPa,发生在巷道的顶部;拱形巷道围岩最大主应力最大值为 1084kPa,发生在巷道的底部。由此可知,巷道在开挖过程中两帮部的围岩产生较大的剪应力,在底部产生较大的主应力。

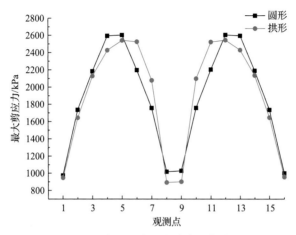

图 4.32　各观测点最大剪应力曲线图

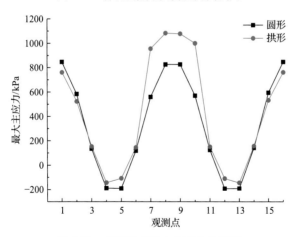

图 4.33　各观测点最大主应力曲线图

　　由表 4.5 中的位移分布分别作图 4.34 和图 4.35,分别是巷道围岩 X 方向位移图和 Y 方向位移图。从位移图中可以直观地得出,巷道围岩位移变化情况。由图 4.34 可知,巷道围岩在开挖过程中发生了水平向的位移,在巷道的右帮部发生正向位移,在左帮部发生了负向位移。圆形巷道的位移明显要大于拱形巷道的位移,特别是在位移产生的最大值处。圆形巷道位移主要发生在巷道的侧帮部,最大值为 0.087mm;拱形巷道位移也主要发生在巷道的侧帮部处,最大值为 0.069mm。开挖巷道如果发生较大的水平位移会使巷道发生水平向的变形,在开挖过程中应尽量减少巷道水平向的变形。由图 4.35 可知,开挖巷道围岩在竖向发生的位移与截面形状基本没有关系。巷道围岩在顶部发生负向位移,在底部发生正向位移,在两侧帮部发生较小的位移。巷道围岩发生的位移呈反对称分布。

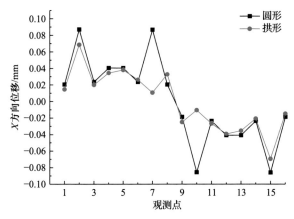

图 4.34　各观测点 X 方向位移曲线图

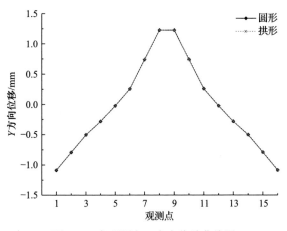

图 4.35　各观测点 Y 方向位移曲线图

4.2.3　围岩分层对围岩变形的影响

为了研究围岩分层情况对巷道围岩变形的影响,本节选用埋深为 200m 的拱形巷道,根据表 4.6 中的物理参数和表 4.7 中的工况建立数值模型。岩层自上而下分为三层。

表 4.6　物理参数

岩层分类	弹性模量/GPa	密度/(kg/m³)	内摩擦角/(°)	泊松比	黏聚力/MPa
I	2.06	2000	0.48	0.26	1.7
II	10.8	2800	0.56	0.22	34.7
III	4.5	2700	0.485	0.20	27.2

表 4.7　开挖巷道周围围岩分布

工况	围岩层数	围岩类别		
		岩层 1	岩层 2	岩层 3
工况 1		III	II	I
工况 2	三层	II	I	III
工况 3		I	III	II

　　图 4.36 和图 4.37 是不同工况下开挖巷道围岩最大主应力和最大剪应力分布云图。表 4.8 为不同工况下巷道围岩最大主应力和最大剪应力。图 4.38 和图 4.39为巷道围岩应力曲线图。由图 4.36 可知，在不同工况下开挖巷道围岩所受的最大主应力分布明显不同，三种工况下巷道围岩主应力基本呈对称分布，随着工况的不同巷道围岩所受主应力也不同。由图 4.37 可知，开挖巷道围岩最大剪应力基本呈对称分布，在巷道的侧帮处出现应力集中，三种工况下工况 1 在底部产生了负向最大主应力，在拱形与矩形交界处达到负向最大值，为−740.8kPa。三种工况下

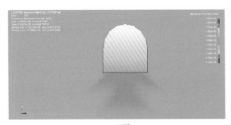

(a) 工况1　　　　　　　　　　　　　　(b) 工况2

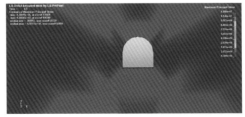

(c) 工况3

图 4.36　不同工况下最大主应力分布云图

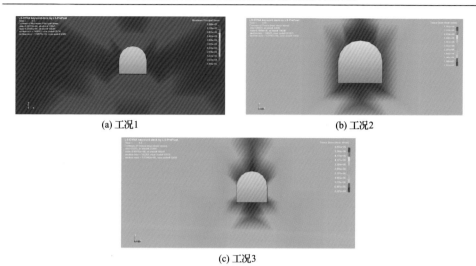

(a) 工况1   (b) 工况2

(c) 工况3

图 4.37　不同工况下最大剪应力分布云图

表 4.8　不同工况下围岩应力

观测点	工况 1		工况 2		工况 3	
	最大主应力/kPa	最大剪应力/kPa	最大主应力/kPa	最大剪应力/kPa	最大主应力/kPa	最大剪应力/kPa
1	218	703	707.6	959	762.1	947
2	86.66	1324	490.1	1702	524.3	1645
3	−41.95	1797	126 8	2214	154	2130
4	−134.1	2101	−160.1	2529	−141.9	2478
5	−740.8	2200	−117.4	2648	−106.7	2541
6	−223.8	2170	−180.5	2630	−146.2	2527
7	313.1	1644	934.9	2154	957	2080
8	412.4	565	1052	910	1084	894
9	410.9	579	1047	911	1079	903
10	347.8	1656	980.7	2173	1001	2099
11	−741.0	2168	−185.5	2629	−151.1	2526
12	−75.71	2206	−119.4	2652	−108.5	2546
13	−133.6	2107	−116.3	2532	−142.7	2431
14	−42.24	1802	113	2221	158	2137
15	90.98	1350	500.5	1703	534.3	1647
16	215.6	714	708	969	762.7	957

巷道顶部和底部围岩处最大主应力为正值，顶部围岩最大主应力最大值分别为
218kPa、707.6kPa、762.1kPa，底部围岩最大主应力最大值为 412.4kPa、1052kPa、
1084kPa。由图 4.37 可知，三种工况下巷道围岩所受剪应力分布明显不同，但是
都在巷道的侧帮部出现应力集中。由图 4.38 可知，巷道围岩所受最大主应力集中
在拱脚位置，工况 1 所受最大主应力为–741.0kPa。由图 4.39 可知，巷道围岩所
受最大剪应力为正值，在巷道的两侧帮处和底角处受力较大，工况 1 所受最大剪
应力最小，工况 2 所受最大剪应力最大，在三种工况下巷道围岩最大剪应力最大
值分别为 2206kPa、2652kPa、2546kPa。不同开挖工况下，巷道围岩的最大主应
力和最大剪应力有所区别。围岩较硬的分层在开挖过程中围岩变形较小，有利于

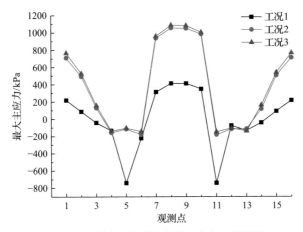

图 4.38　不同工况下围岩最大主应力曲线图

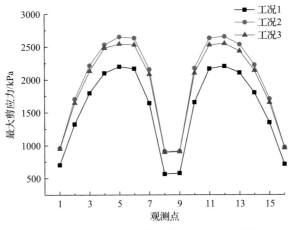

图 4.39　不同工况下围岩最大剪应力曲线图

巷道的开挖。相反地，围岩较软的分层在开挖过程中围岩变形较大，在开挖时应考虑对巷道围岩进行一定的支护，确保巷道结构的稳定。

表 4.9 为不同工况下开挖巷道围岩在 X、Y 方向的位移。根据表 4.9 中的数据作位移曲线图，如图 4.40 和图 4.41 所示。由图 4.40 可知，工况 1 条件下巷道围岩在巷道的两帮部发生了较小的正负向位移；工况 2 和工况 3 条件下巷道围岩发生了对称的正负向位移，工况 3 在 X 方向的位移要大于工况 2，两工况在两帮部发生最大 X 方向位移，分别为–0.1531mm、–0.3889mm。图 4.41 为三种工况下开挖巷道围岩各观测点的 Y 方向位移图，可以看出，工况 3 条件下巷道围岩在竖向产生较大的位移，说明巷道围岩在开挖过程中产生的位移与围岩的性质有一定的关系。

表 4.9　不同工况下围岩 X、Y 方向位移

观测点	工况 1		工况 2		工况 3	
	X 方向位移/mm	Y 方向位移/mm	X 方向位移/mm	Y 方向位移/mm	X 方向位移/mm	Y 方向位移/mm
1	0.01635	–0.1641	0.03486	–0.4158	0.01479	–1.087
2	0.01355	–0.159	0.02243	–0.3357	0.06884	–0.7935
3	0.0404	–0.1536	0.07652	–0.2174	0.2205	–0.5035
4	0.1233	–0.1489	0.1355	–0.124	0.3467	–0.2823
5	0.1485	–0.1434	0.1512	0.01335	0.3884	–0.02289
6	0.03943	0.1375	0.1023	0.1068	0.2638	0.2556
7	0.01574	0.1284	0.03919	0.3147	0.1089	0.7381
8	0.01274	0.1195	0.01096	0.5245	0.03305	1.226
9	–0.003822	0.1194	–0.007327	0.5245	–0.02466	1.225
10	–0.01314	0.1281	–0.03646	0.3147	–0.1026	1.242
11	–0.1445	0.1373	–0.1024	0.1087	–0.2643	0.2594
12	–0.1496	–0.1432	–0.1531	0.009537	–0.3889	–0.02289
13	–0.1233	–0.1488	–0.1372	–0.1221	–0.3506	–0.2823
14	–0.0461	–0.1534	–0.07728	–0.2174	–0.2044	–0.5016
15	–0.01284	–0.1589	–0.02255	–0.3376	–0.06915	–0.7896
16	–0.0179	–0.164	–0.003361	–0.4635	–0.0145	–1.085

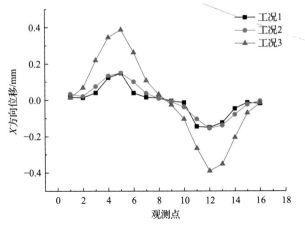

图 4.40　不同工况下围岩 X 方向位移曲线图

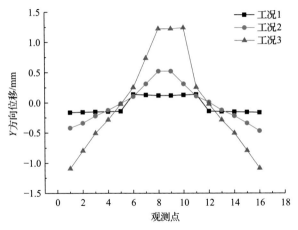

图 4.41　不同工况下围岩 Y 方向位移曲线图

4.2.4　衬砌支护对围岩变形的影响

由上面的分析可知，巷道在开挖过程中围岩受力和受力后发生的位移是不断变化的。如果巷道发生较大变形就会发生破坏，这对巷道的开挖是非常不利的。本小节用混凝土作衬砌，支护巷道结构，分析巷道围岩在加入衬砌后的变形。图 4.42 为有无衬砌巷道模型，分析巷道埋深 200m，混凝土厚度为 30cm 下的围岩变形。

图 4.43 和图 4.44 分别为有无衬砌巷道围岩最大主应力云图和最大剪应力云图。由图 4.43 可知，加入衬砌后巷道围岩所受最大主应力在两侧帮和顶部处应力集中现象比无衬砌小。由图 4.44 可知，加入衬砌后巷道围岩所受最大剪应力较无

衬砌明显减小，巷道围岩所受最大剪应力在应力集中的侧帮处得到明显的改善。

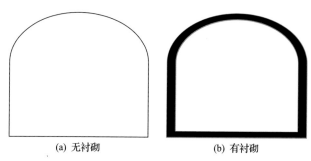

(a) 无衬砌　　　　　　　　　　　　　(b) 有衬砌

图 4.42　巷道模型

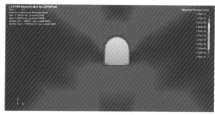

(a) 无衬砌　　　　　　　　　　　　　(b) 有衬砌

图 4.43　有无衬砌巷道围岩最大主应力云图

(a) 无衬砌　　　　　　　　　　　　　(b) 有衬砌

图 4.44　有无衬砌巷道围岩最大剪应力云图

表 4.10 是有无衬砌巷道围岩最大主应力和最大剪应力数值分布，由表 4.10 作出巷道围岩最大主应力和最大剪应力曲线图，如图 4.45 和图 4.46 所示。由图 4.45 可知，巷道围岩所受最大主应力基本呈对称分布，在巷道围岩的顶部受正向应力，侧帮处受负向应力，在巷道底部受正向应力且应力最大，最大主应力在无衬砌巷道围岩处为 1084kPa，发生在巷道底部围岩处；有衬砌巷道围岩处为 959.2kPa，发生在巷道底部围岩处。无衬砌巷道两侧边围岩处最大值为 −146.2kPa，有衬砌为−66.0kPa。由图 4.45 可知，巷道围岩在加入衬砌后巷道底部和两侧帮的最大主应力明显减少。无衬砌在底角处主应力正负差值为 1103.2kPa，加入衬砌后正负差值为 991.3kPa。由图 4.46 可知，巷道围岩所受最

大剪应力在巷道围岩基本呈对称分布，无衬砌和有衬砌的最大剪应力在巷道侧帮部和底角处达到最大。由图 4.46 中的最大剪应力分布特征可知，巷道在加入衬砌后在巷道的帮部和底部明显减弱了围岩所受的最大剪应力。

表 4.10　无衬砌和有衬砌时巷道各个观测点应力情况

观测点	无衬砌		有衬砌	
	最大主应力/kPa	最大剪应力/kPa	最大主应力/kPa	最大剪应力/kPa
1	762.1	947.4	803.0	939.5
2	524.3	1645.0	656.4	1805.0
3	154.0	2130.0	186.5	2119.0
4	−141.7	2478.0	−59.9	2322.0
5	−106.7	2542.0	−4.8	2436.0
6	−146.2	2527.0	−66.0	2395.0
7	957.0	2080.0	925.3	2154.0
8	1084.0	894.2	956.0	932.4
9	1079.0	902.8	957.1	943.4
10	1001.0	2099.0	959.2	2165.0
11	−151.1	2526.0	−70.5	2399.0
12	−108.5	2546.0	−5.8	2440.0
13	−142.7	2431.0	−60.5	2325.0
14	158.0	2137.0	189.0	2125.0
15	534.3	1647.0	667.2	1805.0
16	762.8	957.2	803.5	950.6

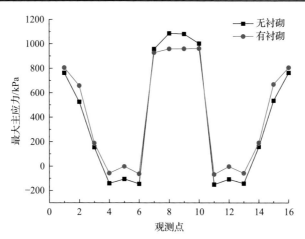

图 4.45　无衬砌和有衬砌时巷道围岩最大主应力曲线图

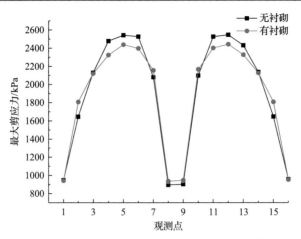

图 4.46　无衬砌和有衬砌时巷道围岩最大剪应力曲线图

表 4.11 是巷道开挖围岩在 X、Y 方向上产生的位移，根据表 4.11 中的数据分别作出巷道围岩在 X 方向的位移图和 Y 方向的位移图，如图 4.47 和图 4.48 所示。

表 4.11　无衬砌和有衬砌时巷道围岩在 X、Y 方向的位移

观测点	无衬砌		有衬砌	
	X 方向位移/mm	Y 方向位移/mm	X 方向位移/mm	Y 方向位移/mm
1	0.015	−1.087	0.002	−1.019
2	0.069	−0.793	0.037	−0.721
3	0.203	−0.504	0.175	0.139
4	0.347	−0.282	0.331	−0.242
5	0.384	−0.023	0.365	−0.025
6	0.264	0.226	0.231	0.028
7	0.109	0.738	0.076	0.633
8	0.033	1.226	0.016	1.102
9	−0.025	1.226	−0.009	1.102
10	−0.103	0.742	−0.071	0.635
11	−0.264	0.259	−0.232	0.210
12	−0.389	−0.023	−0.369	−0.025
13	−0.351	−0.282	−0.334	−0.242
14	−0.204	−0.502	−0.176	−0.439
15	−0.069	−0.790	−0.037	−0.719
16	−0.015	−1.085	−0.003	−1.017

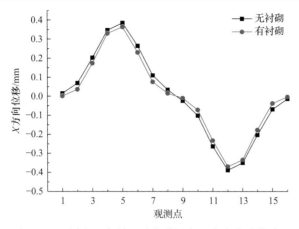

图 4.47　无衬砌和有衬砌时巷道围岩 X 方向位移曲线图

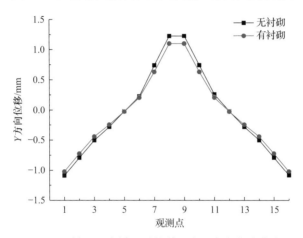

图 4.48　无衬砌和有衬砌时巷道围岩 Y 方向位移曲线图

　　由图 4.47 可知，开挖巷道围岩在 X 方向发生的位移基本呈对称分布，在巷道的顶部围岩基本没有发生位移，巷道围岩在 X 方向上的位移主要发生在巷道的两侧帮处，并且在巷道的右侧帮处发生正向位移，左侧帮处发生负向位移。无衬砌和有衬砌在右侧帮处所发生的最大位移分别为 0.384mm、0.365mm，在巷道的左侧帮处所发生的负向最大位移分别为–0.389mm、–0.369mm。在巷道加入衬砌后明显减小了巷道围岩在 X 方向上的位移。

　　由图 4.47 可知，巷道围岩在 Y 方向发生的位移基本呈对称分布，巷道围岩在 Y 方向上的位移主要发生在巷道的顶部和底部，在巷道的侧帮处围岩基本没有发生位移。并且在巷道的顶部围岩发生了负向位移，在底部围岩发生了正向位移。无衬砌和有衬砌在巷道围岩顶部发生的最大位移分别为–1.087mm、–1.019mm，在底部发生的最大位移分别为 1.226mm、1.102mm。

由图 4.46 和图 4.47 可知,混凝土衬砌对巷道开挖时围岩的位移起到了抑制作用,抑制了巷道围岩的变形,对巷道结构的稳定起到了一定作用。

4.3　巷道开挖扰动下衬砌变形影响因素分析

为了考虑衬砌在巷道开挖过程中的应力分布,首先进行巷道围岩在自重作用下的静力计算并得到初始应力场,在此基础上对围岩进行开挖,分别考虑不同埋深、不同截面形式(圆形和拱形)、不同强度混凝土三种情况下巷道衬砌受力变形。考虑衬砌和围岩的非线性和几何非线性效应,纵深为 25m 处的截面作为观测面。图 4.49 为观测点布置图。

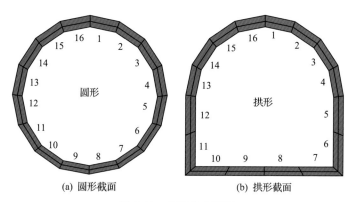

(a) 圆形截面　　　　　　　　　　(b) 拱形截面

图 4.49　观测点布置图

4.3.1　不同埋深下衬砌受力分析

为了清楚直观地分析不同埋深下衬砌的受力情况,本节分别考虑了 50m、100m、200m、300m 四种埋深下拱形截面衬砌的最大剪应力和最大主应力。图4.50～图 4.53 为不同埋深下衬砌的最大剪应力云图。

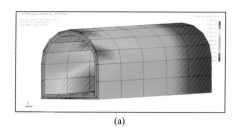
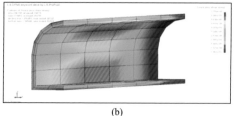

(a)　　　　　　　　　　　　　　　(b)

图 4.50　50m 最大剪应力云图

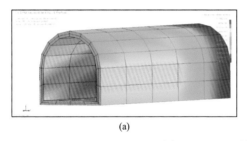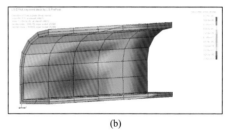

(a)　　　　　　　　　　　　　　　　　　　　(b)

图 4.51　100m 最大剪应力云图

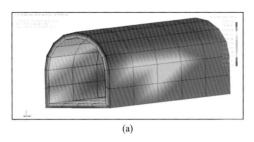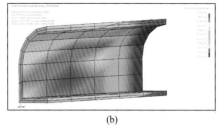

(a)　　　　　　　　　　　　　　　　　　　　(b)

图 4.52　200m 最大剪应力云图

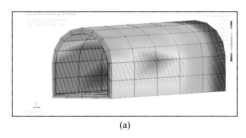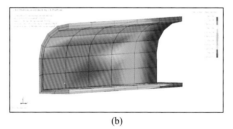

(a)　　　　　　　　　　　　　　　　　　　　(b)

图 4.53　300m 最大剪应力云图

从云图中可知：在同一埋深条件下，衬砌的最大剪应力基本呈均匀分布，但是随着埋深的增加，衬砌整体最大剪应力呈递增的趋势。

表 4.12 是衬砌各个观测点在不同埋深下的最大剪应力和最大主应力。图 4.54 是根据表 4.12 中各个观测点在不同埋深下的最大剪应力作出的曲线图。由图 4.54 可知，随着埋深的增加，巷道衬砌所受最大剪应力不断增加。在衬砌的两底角处所受最大剪应力最大值分别为：50m 为 690.90kPa，100m 为 1219.00kPa，200m 为 2158.00kPa，300m 为 3222.00kPa。随着埋深的增加衬砌所受最大剪应力不断地增大，由 50m 到 100m 最大剪应力增加了 528.1kPa，由 100m 到 200m 最大剪应力增加了 939kPa，由 200m 到 300m 最大剪应力增加了 1064kPa，剪应力随着埋深的增加递增值增加较快。并且随着埋深的增加衬砌最大剪应力在帮部增加较快。衬砌顶部随着埋深的增加最大剪应力变化较小，且在整个受剪应力区域内受力最小，衬砌的底部受力比较平缓。

表 4.12　不同埋深下衬砌最大剪应力和最大主应力

观测点	50m		100m		200m		300m	
	最大剪应力/kPa	最大主应力/kPa	最大剪应力/kPa	最大主应力/kPa	最大剪应力/kPa	最大主应力/kPa	最大剪应力/kPa	最大主应力/kPa
1	580.40	−17.76	457.50	319.80	1001.0	1312.0	1326.0	1387.0
2	586.70	−105.50	697.90	61.96	1359.0	662.30	1907.0	552.80
3	691.80	76.47	1106.0	36.55	1897.0	39.98	2858.0	60.89
4	466.30	−228.6	1095.0	−245.9	1977.0	−369.50	2883.0	−614.60
5	573.80	300.80	1063.0	235.80	1897.0	320.00	2804.0	558.10
6	690.90	−412.4	1219.0	−401.4	2158.0	−563.90	3222.0	−963.40
7	598.20	−169.0	935.00	563.70	1721.0	1466.0	2503.0	1810.0
8	540.00	367.50	972.50	1197.0	1730.0	3356.0	2571.0	3290.0
9	544.30	375.70	976.70	1207.0	1735.0	3373.0	2576.0	3315.0
10	609.00	−176.6	940.10	553.10	1724.0	1447.0	2511.0	1782.0
11	702.40	−414.5	1227.0	−407.4	2166.0	−574.50	3240.0	−977.80
12	575.80	305.20	1067.0	239.90	1904.0	325.80	2814.0	566.50
13	464.20	−226.3	1095.0	−243.2	1978.0	−364.80	2881.0	−605.20
14	697.40	72.29	1060.0	29.40	1895.0	28.63	2857.0	45.37
15	593.10	−104.0	704.30	72.54	1367.0	666.70	1923.0	565.30
16	577.30	−19.24	460.70	322.60	1012.0	1313.0	1332.0	1394.0

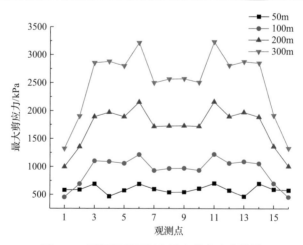

图 4.54　不同埋深下衬砌最大剪应力曲线图

图 4.55～图 4.58 为衬砌在不同埋深下的最大主应力云图。

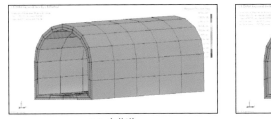

(a) 全巷道　　　　　　　　　　　　(b) 巷道内侧

图 4.55　50m 最大主应力云图

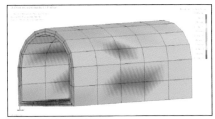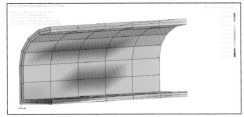

(a) 全巷道　　　　　　　　　　　　(b) 巷道内侧

图 4.56　100m 最大主应力云图

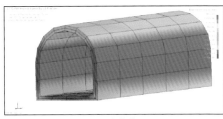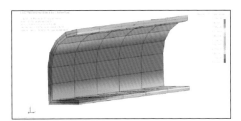

(a) 全巷道　　　　　　　　　　　　(b) 巷道内侧

图 4.57　200m 最大主应力云图

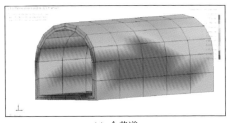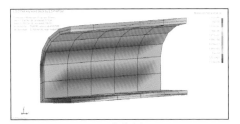

(a) 全巷道　　　　　　　　　　　　(b) 巷道内侧

图 4.58　300m 最大主应力云图

由图 4.55~图 4.58 可知，巷道衬砌在顶部和底部受正向应力作用，在巷道衬砌的两侧帮部受负向应力作用。随着巷道埋深的增加，巷道围岩所受应力越来越大，这种现象主要集中在巷道的两侧帮部。

图 4.59 是根据表 4.12 中的最大主应力数据所绘制的曲线图。由图 4.59 可知，

在衬砌的顶部和底部受正向应力，在衬砌的两侧帮部受负向应力，在底部达到正向应力最大值。在两底角处受到正负应力交替作用。在底部所受正向主应力最大值分别为：50m 为 375.70kPa，100m 为 1207.00kPa，200m 为 3373.00kPa，300m 为 3315.00kPa。在侧帮底角处所受负向最大主应力最小值分别为：50m 为 −414.5kPa，100m 为−407.4kPa，200m 为−574.5kPa，300m 为−977.8kPa。由 50m 到 100m 时，在衬砌底部应力增加了 831.3kPa，侧帮底角处增加−7.1kPa，出现了负增加现象；100m 到 200m 时，在衬砌底部应力增加了 2166kPa，侧帮底角处增加了 167.1kPa；200m 到 300m 时，在衬砌底部应力增加了−58kPa，侧帮底角处增加了 413.9kPa。

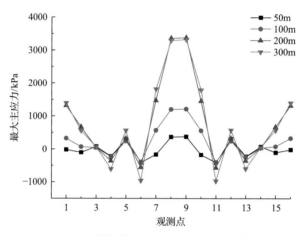

图 4.59　不同埋深下衬砌最大主应力曲线图

4.3.2　不同截面形式下衬砌受力分析

　　为了分析不同截面形式的巷道衬砌在开挖过程中的受力情况，本节选取两种截面形式(圆形和拱形)进行受力分析。图 4.60 和图 4.61 分别是圆形截面和拱形截面巷道衬砌的最大剪应力和最大主应力云图。

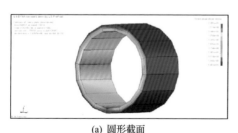

(a) 圆形截面　　　　　　　　　　　　(b) 拱形截面

图 4.60　圆形截面和拱形截面衬砌最大剪应力云图

(a) 圆形截面   (b) 拱形截面

图 4.61 圆形截面和拱形截面衬砌最大主应力云图

由图 4.60 可知，不同截面形式的巷道衬砌剪应力主要分布在巷道的两帮处，圆形巷道衬砌受力较均匀，拱形巷道衬砌在两底角处受力明显。

由图 4.61 可知，在巷道的两侧帮处衬砌受到负向主应力作用，在衬砌的两侧帮处出现应力集中。

表 4.13 为不同截面形式衬砌各观测点的最大剪应力和最大主应力。根据表 4.13 中的数据分别作出不同观测点的最大剪应力和最大主应力曲线图，如图 4.62 和图 4.63 所示。

表 4.13 不同截面形式衬砌各观测点应力值

观测点	圆形截面		拱形截面	
	最大剪应力/kPa	最大主应力/kPa	最大剪应力/kPa	最大主应力/kPa
1	1077.00	1436.00	1258.00	2181.00
2	1377.00	638.10	1112.00	1151.00
3	1822.00	−100.80	1404.00	70.87
4	2278.00	−173.60	1836.00	−201.10
5	2275.00	−166.20	1801.00	142.40
6	1815.00	−101.60	1911.00	−191.20
7	1376.00	674.10	1729.00	2336.00
8	1069.00	1543.00	1760.00	2843.00
9	1064.00	1538.00	1749.00	2833.00
10	1363.00	676.30	1722.00	2332.00
11	1810.00	−98.10	1903.00	−184.80
12	2275.00	−167.20	1793.00	140.60
13	2277.00	−173.20	1832.00	−202.70
14	1817.00	−98.54	1405.00	73.42
15	1368.00	637.90	1098.00	1132.00
16	1074.00	1432.00	1255.00	2182.00

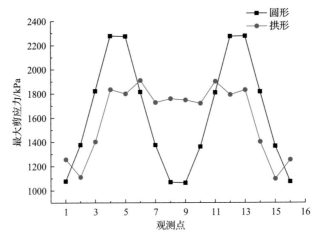

图 4.62　圆形截面和拱形截面最大剪应力曲线图

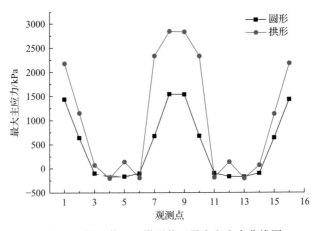

图 4.63　圆形截面和拱形截面最大主应力曲线图

由图 4.62 可知,在衬砌的侧帮部拱形衬砌所受最大剪应力明显要小于圆形衬砌,而在巷道的顶部和底部拱形衬砌要小于圆形衬砌,圆形衬砌所受剪应力相对于拱形衬砌变化较小。

由图 4.63 可知,在顶部和底部处圆形衬砌所受最大主应力明显小于拱形衬砌,在巷道的两侧帮处两者所受最大主应力基本相同。

因此,在同等情况下圆形衬砌受力优于拱形衬砌。

4.3.3　不同混凝土强度下衬砌受力分析

衬砌所用混凝土的强度对衬砌变形也会起到一定的作用。为了分析混凝土强度对衬砌受力的影响,本节选用了六种不同强度的混凝土(C15、C20、C25、C30、

C35、C40)做衬砌，分析不同强度混凝土衬砌在拱形巷道开挖中的受力情况。其中选取了 C15、C25、C35、C40 四种混凝土衬砌作为研究对象，并提取各观测点的最大剪应力和最大主应力。并根据所得到的数据分别绘制最大剪应力图和最大主应力图。巷道衬砌混凝土物理参数见表 4.14。

表 4.14　巷道衬砌混凝土物理参数

材料名称	弹性模量/GPa	泊松比	密度/(kg/m³)
C15	22.0	0.26	2493
C25	28	0.26	2493
C35	31.5	0.26	2493
C40	32.5	0.26	2493

图 4.64 是不同混凝土强度下衬砌最大剪应力云图。

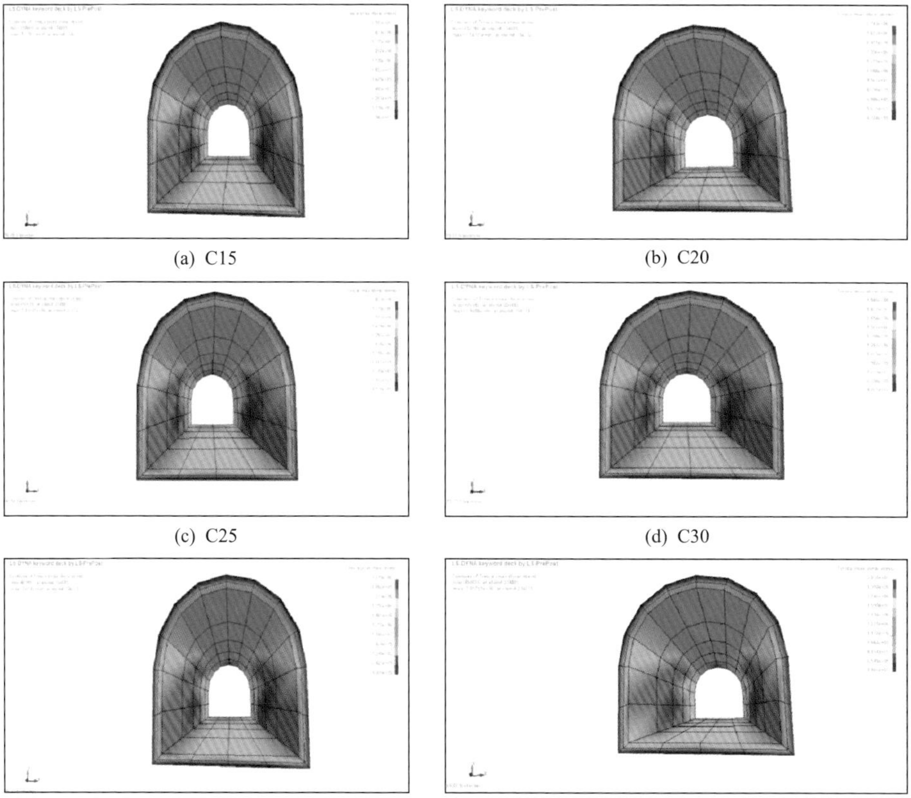

(a) C15

(b) C20

(c) C25

(d) C30

(e) C35

(f) C40

图 4.64　不同混凝土强度下衬砌最大剪应力云图

从图 4.64 中可以看出，衬砌的最大剪应力主要分布在上部与矩形接触部分，以及整个下半部分。在侧帮处出现剪应力集中现象。

提取 C15、C25、C35、C40 强度下各观测点的最大剪应力和最大主应力(表 4.15)，作出各观测点最大剪应力曲线图，如图 4.65 所示。

表 4.15　不同混凝土强度下衬砌最大剪应力

观测点	C15		C25		C35		C40	
	最大剪应力/kPa	最大主应力/kPa	最大剪应力/kPa	最大主应力/kPa	最大剪应力/kPa	最大主应力/kPa	最大剪应力/kPa	最大主应力/kPa
1	826.80	1031.0	929.40	1174.0	979.50	1243.0	913.40	1280.00
2	1059.0	541.30	1223.0	605.00	1308.0	631.70	1323.0	654.00
3	1381.0	37.38	1644.0	32.66	1784.0	28.27	1820.0	33.06
4	1387.0	−286.30	1680.0	−329.0	1837.0	−351.6	1898.0	−354.30
5	1369.0	283.40	1639.0	307.10	1781.0	318.50	1832.0	319.70
6	1594.0	−467.80	1886.0	−522.9	2041.0	−551.7	2092.0	−552.60
7	1304.0	1118.0	1512.0	1285.0	1620.0	1368.0	1662.0	1406.00
8	1206.0	1170.0	1466.0	2033.0	1606.0	2205.0	1656.0	2282.00
9	1203.0	1194.0	1463.0	2017.0	1603.0	2189.0	1651.0	2266.00
10	1298.0	1132.0	1508.0	1301.0	1615.0	1385.0	1659.0	1425.00
11	1584.0	−460.00	1876.0	−514.1	2030.0	−542.5	2083.0	−542.70
12	1362.0	278.00	1631.0	301.70	1774.0	313.20	1825.0	314.00
13	1387.0	−292.40	1679.0	−334.8	1837.0	−357.5	1897.0	−359.20
14	1383.0	47.97	1645.0	43.12	1785.0	28.58	1822.0	44.21
15	1052.0	534.80	1215.0	598.80	1299.0	625.50	1315.0	649.40
16	824.30	1027.0	926.60	1171.0	976.50	1240.0	988.30	1279.00

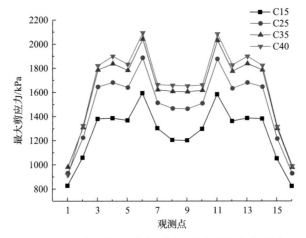

图 4.65　不同混凝土强度下衬砌最大剪应力曲线图

　　由图 4.65 可知，衬砌最大剪应力在 C15 之后变化不是很大，在 C35 和 C40 两种强度下几乎没有变化，在侧帮处产生的最大剪应力分别为：C15 为 1594kPa，C25 为 1886kPa，C35 为 2041kPa，C40 为 2092kPa。在衬砌的两底角处最大剪应力最大，随着混凝土弹性模量的增加，最大剪应力逐渐增大，在底部处衬砌所受最大剪应力基本没有变化。混凝土的弹性模量越大衬砌整体性越好。

　　图 4.66 是不同混凝土强度下衬砌最大主应力云图。由图 4.66 可知，用不同强度混凝土做衬砌支护时，衬砌周围最大主应力基本没有变化，在衬砌的两帮部处发生应力集中现象。

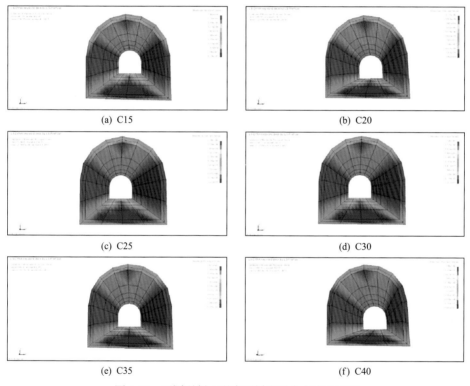

(a) C15　　　　　　　　　　　　　　　　(b) C20

(c) C25　　　　　　　　　　　　　　　　(d) C30

(e) C35　　　　　　　　　　　　　　　　(f) C40

图 4.66　不同混凝土强度下衬砌最大主应力云图

　　图 4.67 是根据表 4.15 中各观测点最大主应力做的主应力曲线图。由图 4.67 可知，在不同混凝土强度下衬砌最大主应力基本没有变化，在巷道底部处产生最大主应力，分别为：C15 为 1194.00kPa，C25 为 2033.00kPa，C35 为 2205.00kPa，C40 为 2282.00kPa。负主应力发生在巷道的侧帮处，分别为：C15 为 −467.80kPa、C25 为 −522.90kPa、C35 为 −551.70kPa、C40 为 −552.60kPa。在衬砌的两底角与上部圆形和拱形交接处出现正负应力的作用。随着混凝土弹性模量的增加衬砌结构应力增加，这说明混凝土弹性模量越大衬砌整体性越好。

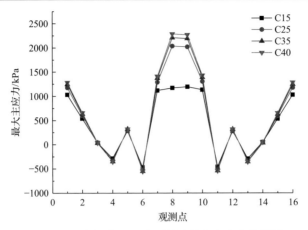

图 4.67　不同混凝土强度下衬砌最大主应力曲线图

随着混凝土弹性模量的增加，衬砌与围岩的整体性越好，稳定性越好。在混凝土弹性模量达到一定的程度后衬砌的稳定性达到最高，如果继续增加混凝土弹性模量就会造成材料的浪费。

第5章 巷道结构的地震动力响应分析

本章通过有限元分析软件 ANSYS, 编写 APDL 参数程序命令, 建立地下巷道和围岩的动力相互作用有限元模型; 通过数值计算, 对地震作用下地下巷道结构动力响应进行初步探讨。为了简化计算且突出重点, 对地下巷道及围岩计算模型进行一定的简化, 研究分析巷道及围岩在地震作用下的应力分布及其变化情况。

5.1 计算模型的 ANSYS 实现及计算假定

ANSYS 是集结构、流体于一体的国际通用的强大有限元分析软件, 能够进行各种结构静力、动力、线性、非线性问题的分析求解, 同时还具有很好的开放性, 它提供了 APDL、UPDL 和 UPFS 等二次开发工具, 便于用户更好地分析问题。ANSYS 计算过程可以分为前处理、加载求解和后处理三个步骤, 如图 5.1 所示。

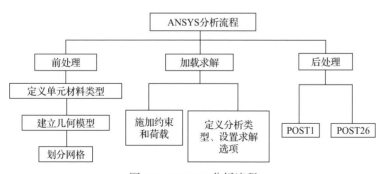

图 5.1 ANSYS 分析流程

ANSYS 中常用的单元类型有线单元、壳单元、平面单元和实体单元。需要根据所分析问题的类型选取恰当的单元类型。本章将问题简化为平面应变问题, 因而选用二维平面单元 PLANE42 对巷道和围岩进行离散。PLANE42 是一种四节点等参平面单元, 每个节点有 X、Y 方向的自由度, 该单元具有塑性、剪胀、应力强化等特性, 可以通过设置单元属性使之适用于平面应变问题。COMBIN14 是一种无质量弹簧阻尼单元, 广泛应用于模拟拉压、扭转的弹簧和阻尼效应, 当考虑纵向弹簧阻尼时, COMBIN14 单元受到纵向的拉压, 每个节点可以具有 3

个方向的自由度，单元自身不考虑弯曲扭转，本节采用 COMBIN14 单元来设置黏弹性边界。ANSYS 有着丰富的材料特性，本章通过命令 TB,DP,1 和 TBDATA,1,C1,C2,C3 来实现 Drucker-Prager 屈服准则的输入，巷道结构采用弹性材料，地震波通过读取加速度数组宏文件输入。

　　某矿区地质条件良好，对其建立二维对称平面应变有限元模型(图 5.2)，围岩尺寸为高 700m，宽 660m，巷道截面为圆形，直径 4m。地震波由基岩输入，考虑单一方向地震波，然后考虑两个方向地震波的耦合，边界为黏弹性边界。巷道与围岩的力学参数见表 5.1，巷道设置埋深 300m。

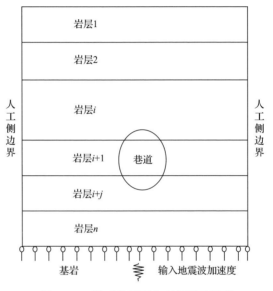

图 5.2　二维对称平面应变有限元模型

表 5.1　巷道与围岩的力学参数

围岩	密度/(kg/m³)	弹性模量/GPa	泊松比	内摩擦角/(°)	黏聚力/MPa
Ⅰ类	2200	5.2	0.26	29.5	1.7
Ⅱ类	2200	4.0	0.28	27.0	1.2
Ⅲ类	1400	1.01	0.32	23.0	0.8
Ⅳ类	2800	26	0.22	32.1	34.7
Ⅴ类	2700	21	0.20	27.8	27.2
C50 混凝土	2493	34.5	0.26		

　　用动力有限元法分析地下巷道结构动力响应时，需要将实际的研究问题进行

一些简化，使得有限元模型既能够充分反映实际问题特性，又具有计算量较少的特点。本章对地下巷道地震动力响应分析时采用如下基本假定：①将问题简化为平面应变问题，岩层为水平成层半空间，每一层岩土都是水平方向无限延展的薄层组成；②每一岩层为各向同性、匀质的介质，各层之间、岩层和地下结构之间协调变形，即它们之间不发生相对滑移和脱离；③不考虑孔隙水压、砂土液化的影响，只考虑重力作用下的地应力(图 5.3)。

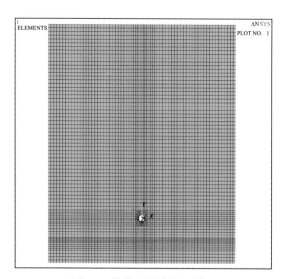

图 5.3　简化后的有限元模型

5.2　地应力对巷道结构应力分布的影响

在巷道中，地应力的分布也会对巷道结构应力分布有影响，地应力的构成主要来自自重和构造应力，本节只考虑自重作用下生成的地应力。分析巷道的破坏现象就应该清楚巷道在自重作用下的应力分布，为以后更清晰地了解巷道在地震作用下的应力分布提供前提。对于投入使用的巷道，经过一段时间，巷道周围土体已经趋于稳定，巷道受到的初应力只考虑由周围岩层自重应力场重新分布而产生的。

煤矿巷道的衬砌一般为混凝土结构，混凝土结构抗压能力较好，而抗拉能力较弱，因此本节考虑煤矿巷道的衬砌 S1 应力(第一主应力)、SXY 应力(平面剪应力)和等效应力。图 5.4 是巷道围岩采用不同本构模型(线弹性模型和 Drucker-Prager 模型，以下简称 DP 模型)下的巷道衬砌应力等值线图。

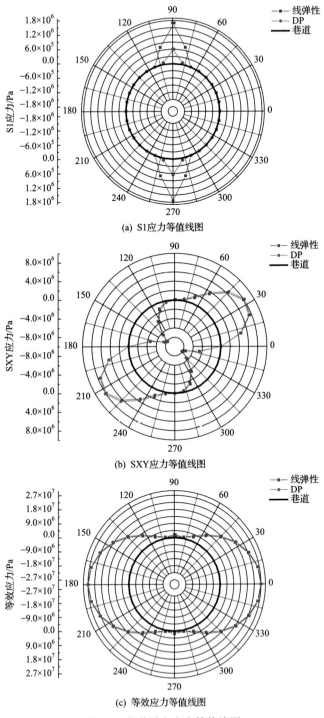

(a) S1应力等值线图

(b) SXY应力等值线图

(c) 等效应力等值线图

图 5.4　巷道衬砌应力等值线图

　　由图 5.4 可知,在岩层的自重作用下,煤矿巷道衬砌的 S1 应力主要分布在顶板和底板,其顶部和底部受拉;煤矿巷道衬砌的 SXY 应力主要出现在巷道 30°、150°、210° 和 330° 方向,SXY 应力呈正负交替出现,说明在这四个方向上剪应力起控制作用,在动力分析中属于重点观测区域;巷道衬砌的等效应力主要分布在巷道的左右两腰中点处。由表 5.2 可知,在考虑围岩塑性性能(DP 模型)下的巷道 S1 应力要小于围岩线弹性本构下的 S1 应力;在考虑围岩塑性性能下的巷道 SXY 应力和等效应力要大于围岩线弹性本构下的 SXY 应力和等效应力,这是由于考虑围岩塑性变形性能的情况下,围岩发生塑性应变时吸收了一部分能量,减缓了自重作用下围岩对巷道的作用。

表 5.2　自重作用下巷道衬砌结构应力(kPa)

观测点	S1 应力		SXY 应力		等效应力	
	线弹性	DP	线弹性	DP	线弹性	DP
1	1690	602	0	0	1729	662
2	727	74	187	375	874	718
3	0	0	1275	1595	2676	3562
4	0	0	3515	3886	7223	8035
5	0	0	6209	6550	12723	13407
6	0	0	7891	8147	18098	18642
7	0	0	7428	7588	22660	23090
8	0	0	4535	4609	25781	26142
9	0	0	0.8	−0.5	26888	27229
10	0	0	−4534	−4613	25785	26162
11	0	0	−7427	−7597	22664	23121
12	0	0	−7890	−8159	18101	18673
13	0	0	−6207	−6558	12722	13426
14	0	0	−3511	−3886	7213	8033
15	0	0	−1268	−1587	2657	3536
16	753	89	−183	−368	897	695
17	1722	658	0	0	1762	719
18	753	89	183	367	897	695
19	0	0	1268	1587	2657	3536
20	0	0	3511	3886	7213	8033
21	0	0	6207	6559	12722	13427

续表

观测点	S1 应力		SXY 应力		等效应力	
	线弹性	DP	线弹性	DP	线弹性	DP
22	0	0	7890	8159	18101	18673
23	0	0	7427	7597	22664	23121
24	0	0	4534	4613	25785	26162
25	0	0	−0.8	0.5	26888	27229
26	0	0	−4535	−4609	25781	26142
27	0	0	−7428	−7588	22659	23091
28	0	0	−7890	−8147	18098	18642
29	0	0	−6209	−6549	12723	13407
30	0	0	−3515	−3886	7223	8035
31	0	0	−1275	−1595	2676	3562
32	727	73	−187	−375	874	718

5.3 地震作用下巷道动力响应分析

5.3.1 水平地震作用下巷道动力响应

为了研究巷道结构的地震动力响应，根据 5.2 节建立的数值分析模型，计算得到巷道数值模型的应力云图和不同部位的应力和位移时程曲线。

1. 巷道受力分析

图 5.5 为巷道结构在水平地震作用下不同时刻的 SXY 应力云图。图 5.6 为巷道结构在水平地震作用下不同时刻的 S1 应力云图。通过分析图 5.5 和图 5.6 可知，巷道结构 SXY 应力在顶板、帮部和底板出现了应力集中现象，且在帮部为高应力集中，SXY 应力分布主要呈现出"猫耳朵"对称形状；巷道结构 S1 应力在帮部出现了应力集中现象，且以受拉（正应力）为主，S1 应力同样主要呈现出"猫耳朵"形状，但"猫耳朵"状数量较少，形状较扁，这种高应力集中现象随着地震作用周期性地在巷道顶板、帮部和底板出现，这说明巷道结构在水平地震作用下受到周期性的拉、剪高应力作用，这种反复的加、卸应力主要发生在巷道的帮部。这种周期性高应力集中现象主要是由地震波在围岩传播过程中周期性变形引发围岩对巷道周期性拉压。

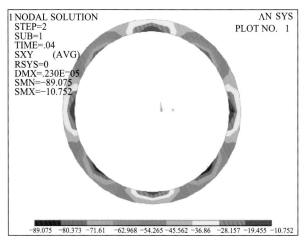

(a)　t=0.04s

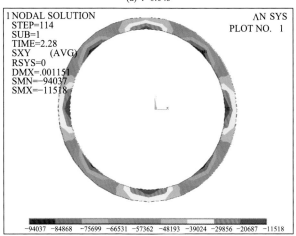

(b)　t=2.28s

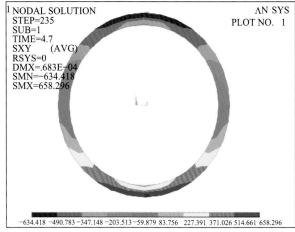

(c)　t=4.7s

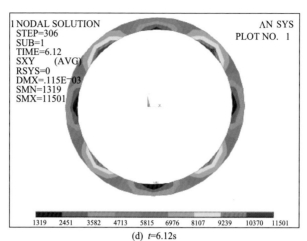

(d) t=6.12s

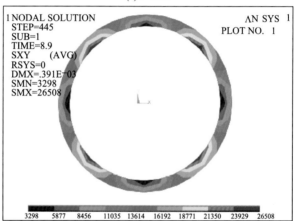

(e) t=8.9s

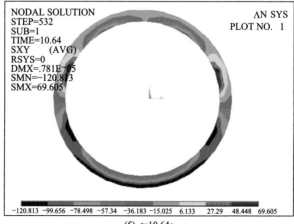

(f) t=10.64s

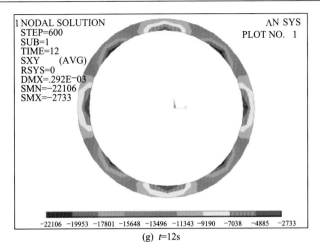

(g) t=12s

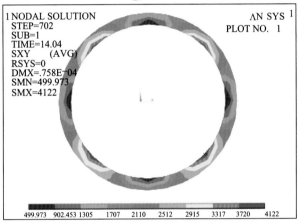

(h) t=14.04s

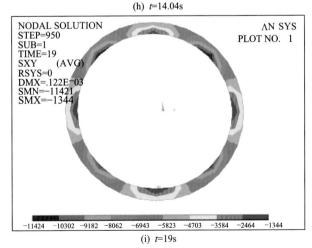

(i) t=19s

图 5.5　在水平地震作用下不同时刻巷道 SXY 应力云图

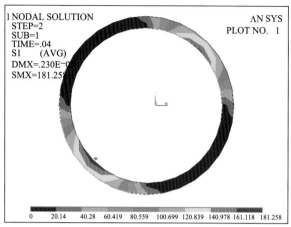

(a) t=0.04s

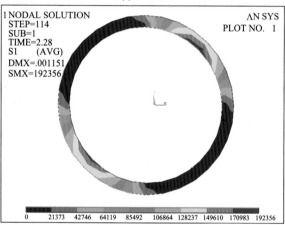

(b) t=2.28s

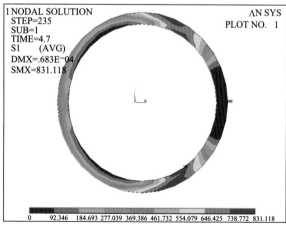

(c) t=4.7s

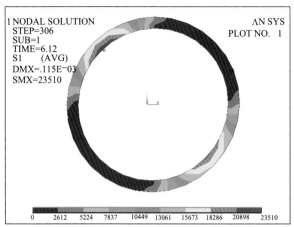

(d) t=6.12s

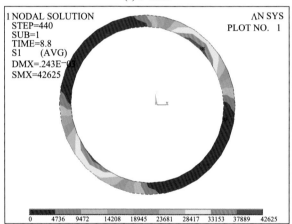

(e) t=8.8s

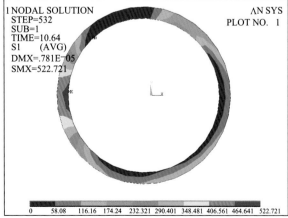

(f) t=10.64s

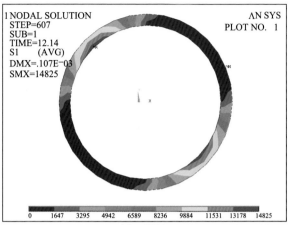

(g) t=12.14s

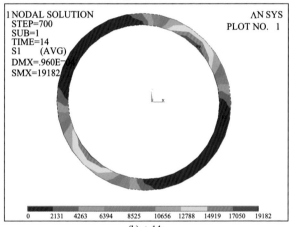

(h) t=14s

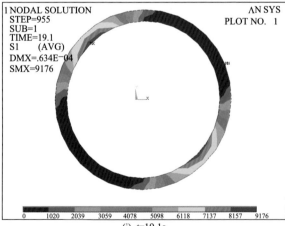

(i) t=19.1s

图 5.6　在水平地震作用下不同时刻巷道 S1 应力云图

为了进一步分析巷道的应力变化规律，基于巷道应力云图，在巷道重要部位设置观测点(图 5.7)，分别提取观测点的 SXY 应力和 S1 应力时程曲线。

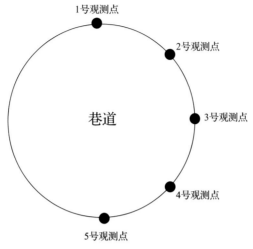

图 5.7　巷道的观测点

通过分析巷道不同观测点的 SXY 应力时程曲线(图 5.8)可知，水平地震作用下巷道结构 SXY 应力时程曲线与输入地震波加速度时程曲线变化一致，2、4 号

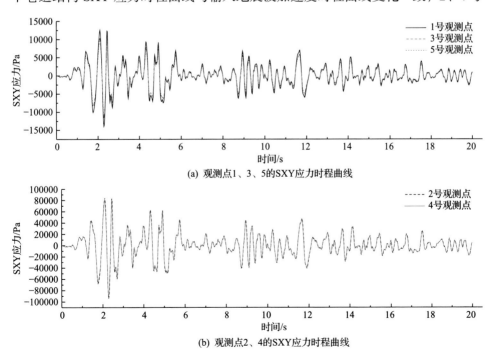

(a) 观测点1、3、5的SXY应力时程曲线

(b) 观测点2、4的SXY应力时程曲线

图 5.8　水平地震作用下巷道各观测点 SXY 应力时程曲线

观测点的 SXY 应力峰值明显大于 1、3、5 号观测点的 SXY 应力峰值, 且在 $t=2.5s$ 各观测点的 SXY 应力达到峰值, 这相对于 $t=2s$ 时的地震加速度峰值有所滞后, 这是由于地震波在围岩传播需要一定的时间。这就需要对 $t=2.5s$ 时巷道结构处于相对危险时刻的应力响应给予关注。

通过分析巷道不同观测点的 S1 应力时程曲线(图 5.9)可知, 巷道结构的各个观测点的 S1 应力时程曲线基本一致呈山峰状, 在 2.5s 左右各观测点的 S1 应力达到峰值; 在整个地震过程中, 2、4 号观测点的 S1 应力明显大于 1、3、5 号观测点的 S1 应力, 这说明巷道顶帮和底帮应承受的地震动力荷载要远大于其他部位, 巷道抗震设计中应予以充分考虑; 地震前 5s 期间, 2 号观测点的 S1 应力大于 4 号观测点的 S1 应力, 这说明地震初期巷道顶帮所受水平地震作用要远远大于巷道底帮和底板, 此时可能发生顶板拉裂塌落, 5s 之后 2 号观测点的 S1 应力峰值开始小于 4 号观测点的 S1 应力峰值, 底帮和底板的高应力集中强于顶帮和顶板, 在地震后期, 巷道底板容易发生拉裂起鼓现象。

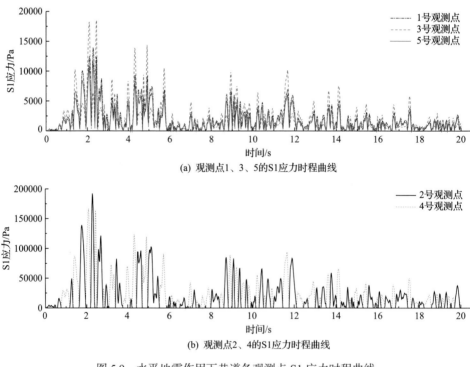

(a) 观测点1、3、5的S1应力时程曲线

(b) 观测点2、4的S1应力时程曲线

图 5.9　水平地震作用下巷道各观测点 S1 应力时程曲线

2. 巷道变形分析

通过分析巷道结构不同观测点 X 方向位移时程曲线(图 5.10)可知, 巷道各观

测点 X 方向位移时程曲线变化相近，各观测点位移在 3s 左右达到峰值；顶板（1号观测点）水平位移峰值最大，底板（5 号观测点）水平位移峰值最小，从顶板到底板观测点的位移峰值逐渐减小，但是各观测点的位移峰值大小在数量级上相差不是很大，说明在水平地震作用下巷道结构的顶底板发生水平剪切变形位移的概率较大。由于岩层属于脆性材料，这种水平剪切变形位移使得巷道容易发生受剪开裂破坏的现象。

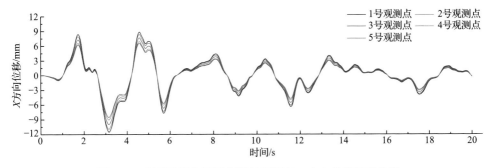

图 5.10　水平地震作用下巷道各观测点 X 方向位移时程曲线

5.3.2　竖向地震作用下巷道动力响应

为了研究巷道结构在竖向地震作用下的动力响应，根据 5.2 节所建立的数值分析模型，在模型竖向（Y 向）输入加速度，得到数值模型的应力云图和不同部位的应力和位移时程曲线。

1. 巷道受力分析

图 5.11 为巷道结构在竖向地震作用下不同时刻的 S1 应力云图。竖向地震作用下，巷道结构 S1 应力在顶板、底板和两侧帮出现了高应力集中现象，这种高应力集中现象会随着地震波的作用周期性出现，这与水平地震作用下高应力集中在帮部有所不同；这说明在竖向地震作用下巷道顶板、底板和两侧帮容易发生受拉开裂。

图 5.12 为巷道结构在竖向地震作用下不同时刻的 SXY 应力云图。由图 5.12 可知，在竖向地震作用下，巷道结构 SXY 应力在上下帮部区域出现了高应力集中现象，SXY 应力集中并不会恰好处于帮部中心，而是会随着竖向地震作用向着顶板、底板和两侧帮周期性偏移。在巷道帮部偏向顶板、底板的应力集中是竖向地震作用下 SXY 应力分布的主要状态，因而，巷道的上下帮部（±45°位置）在抗震设计中要注意抗剪设计，而对于上下帮部的抗剪设计应该同等对待。

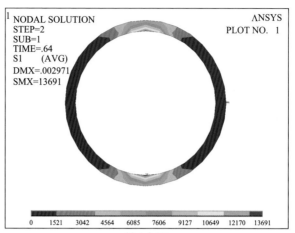

(a) t=0.64s

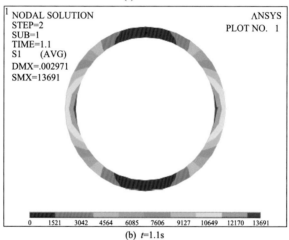

(b) t=1.1s

(c) t=3.5s

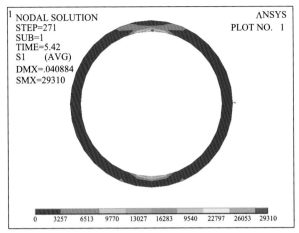

(d) t=5.42s

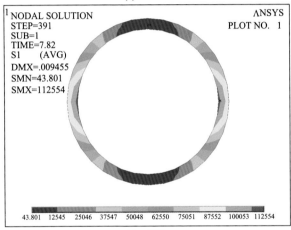

(e) t=7.82s

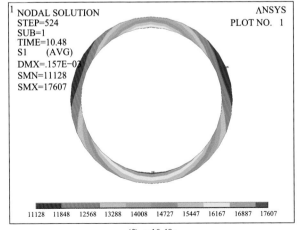

(f) t=10.48s

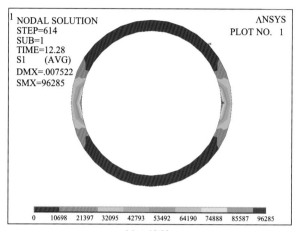

(g) t=12.28s

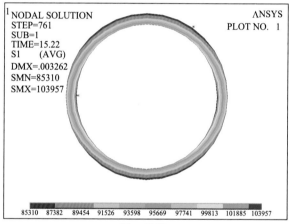

(h) t=15.22s

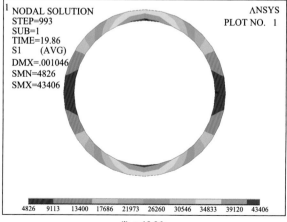

(i) t=19.86s

图 5.11　在竖向地震作用下不同时刻巷道 S1 应力云图

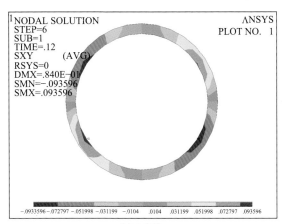

(a) t=0.12s

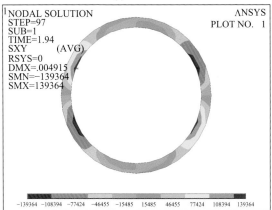

(b) t=1.94s

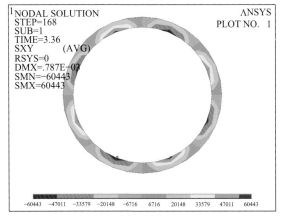

(c) t=3.36s

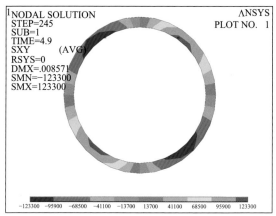

(d) t=4.9s

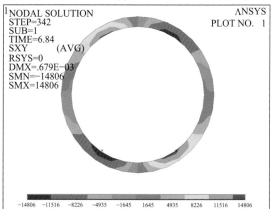

(e) t=6.84s

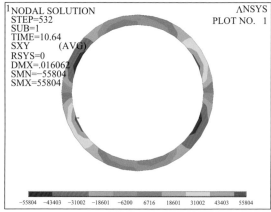

(f) t=10.64s

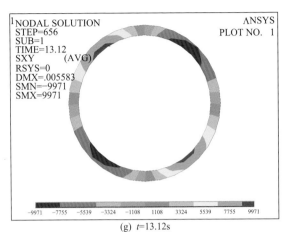

(g) t=13.12s

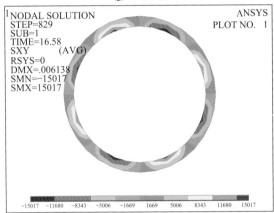

(h) t=16.58s

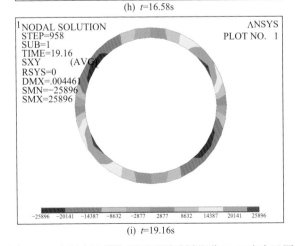

(i) t=19.16s

图 5.12　在竖向地震作用下不同时刻巷道 SXY 应力云图

根据竖向地震作用下巷道应力分布云图和图 5.7,提取各观测点的 SXY 和 S1 应力时程曲线。通过分析巷道结构不同观测点的 SXY 应力时程曲线(图 5.13)可知,竖向地震作用下巷道结构 2、4 号观测点的 SXY 应力明显大于 1、3、5 号观测点的 SXY 应力,同一时刻 2 号观测点和 4 号观测点的 SXY 应力方向相反;在 2s 左右观测点的 SXY 应力达到峰值;通过分析巷道结构不同观测点的 S1 应力时程曲线(图 5.14)可知,在竖向地震作用下,各观测点的 S1 应力整体上变化趋势差别较大,其应力峰值的出现呈现出一定的周期性(主要与地震波有关),且各观测点 S1 应力峰值达到的时刻并不相同;3 号观测点(腰部)的 S1 应力峰值明显大于其他观测点,巷道顶底板(1、5 号观测点)的 S1 应力峰值次之,巷道上下帮部(2、4 号观测点)的 S1 应力峰值最小,巷道顶底板的 S1 应力大小、方向相近,巷道上下帮部的 S1 应力大小、方向一致。以上分析说明竖向地震作用下巷道的顶底板受 S1 应力响应明显,是容易发生受拉破坏的部位,巷道的上下帮部 SXY 应力响应明显,容易发生受剪破坏。

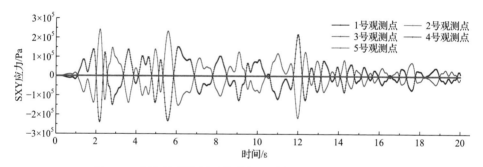

图 5.13　竖向地震作用下巷道各观测点 SXY 应力时程曲线

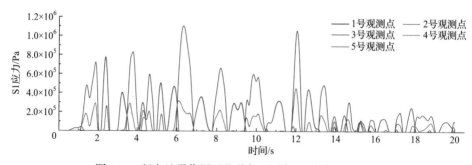

图 5.14　竖向地震作用下巷道各观测点 S1 应力时程曲线

2. 巷道变形分析

通过分析巷道结构不同观测点的 Y 方向位移时程曲线(图 5.15)可知,巷道各观测点的 Y 方向位移在 6s 左右达到峰值,巷道顶板(1 号观测点)的 Y 方向位移峰值大于巷道其他部位的 Y 方向位移峰值，巷道底板（5 号观测点）的 Y 方向位移峰值最小，各观测点的 Y 方向位移峰值从顶板顺时针走向底板时逐渐减小，各观测点 Y 方向位移峰值大小相差 1mm 左右。这说明巷道结构在竖向地震作用下主要存在着相对拉压变形位移，这种拉压变形位移使得巷道发生受拉裂破坏。

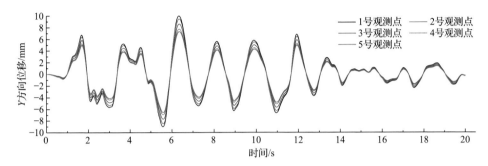

图 5.15 竖向地震作用下巷道各观测点 Y 方向位移时程曲线

5.3.3 双向地震作用下巷道动力响应

为了研究巷道结构在双向地震作用下的动力响应，根据 5.2 节建立的数值分析模型，得到数值模型的应力云图和观测点的应力和位移时程曲线。

1. 巷道受力分析

图 5.16 为在双向地震作用下巷道结构最大 S1 应力等值线图，图 5.17 为在双向地震作用下巷道结构最大 SXY 应力等值线图。通过分析图 5.16 可知，在双向地震作用下，当从巷道顶底板逼近巷道两腰时，最大 S1 应力呈现逐渐增长的趋

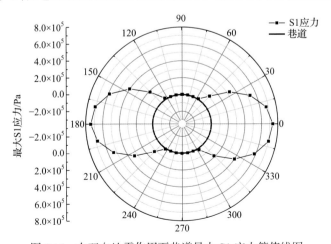

图 5.16 在双向地震作用下巷道最大 S1 应力等值线图

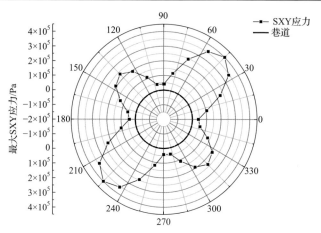

图 5.17　在双向地震作用下巷道最大 SXY 应力等值线图

缓,在巷道两腰(0°和180°)达到最大,巷道的最大 S1 应力在整体上呈现"条状"应力集中分布,这说明两腰所受的最大 S1 应力要远远大于巷道其他部位,容易导致两腰拉裂破坏而引起巷道整体失稳顶板掉落。通过分析图 5.17 可知,在双向地震作用下巷道最大 SXY 应力集中现象发生在巷道 2、4 号观测点及其对称位置,且 2 号观测点及其对称位置(45°、225°方向)的最大 SXY 应力大于 4 号观测点及其对称位置(135°、325°方向);最大 SXY 应力最大值整体上呈现"十字状"应力集中,在双向地震作用下巷道的上下帮部仍然是最容易发生剪切破坏的地方。

　　图 5.18 和图 5.19 为在双向地震作用下巷道各观测点 S1 应力和 SXY 应力时程曲线。通过分析图 5.18 可知,在整个地震过程中,观测点的 S1 应力峰值呈交错山峰状,3 号观测点的 S1 应力峰值要大于其他观测点的 S1 应力峰值,在地震发生的前 6s 2 号观测点的 S1 应力峰值要大于其他观测点的 S1 应力峰值,6~13s 期间,S1 应力峰值出现在 3 号观测点,地震发生 13s 后,S1 应力峰值出现在 2、4 号观测点,且此期间 4 号观测点 S1 应力峰值要大于 2 号观测点;在地震初期和后期,巷道上下帮部应作为巷道抗震防震的重点,在地震中期,巷道两腰应作为防护的重点;在双向地震作用下,巷道结构受到地震作用更为复杂,从而使各观

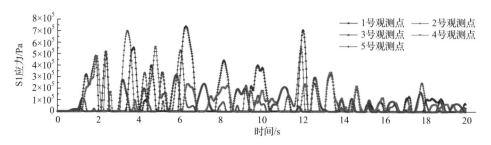

图 5.18　双向地震作用下巷道各观测点 S1 应力时程曲线

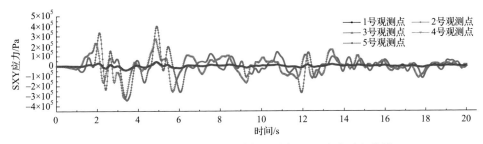

图 5.19　双向地震作用下巷道各观测点 SXY 应力时程曲线

测点 S1 应力峰状交错。通过以上分析发现，在双向地震作用下，巷道的上下帮部和腰部成了 S1 应力集中部位，是容易发生拉裂破坏的部位。

通过分析巷道在双向地震作用下观测点 SXY 应力时程曲线(图 5.19)可知，2、4 号观测点的 SXY 应力大于其他观测点的 SXY 应力，且 2 号观测点的 SXY 应力时程曲线要滞后于 4 号观测点的 SXY 应力时程曲线，且这种滞后现象较为明显；在整个地震过程中巷道上下帮部剪应力集中明显，容易发生破坏。

综上可知，双向地震作用下巷道各观测点应力时程曲线与单向(水平、竖向)地震作用下应力时程曲线有着明显的不同，对于 S1 应力时程曲线，两种地震波加载方式所成的 S1 应力时程曲线都为山峰状，但是 S1 应力时程曲线峰值的位置、山峰的形状明显不同，这说明两个方向的地震波影响着巷道结构的 S1 应力时程状态；对于 SXY 应力，三种地震波的巷道结构 SXY 应力时程曲线形状有着明显的不同，这说明双向地震作用下，不仅影响应力的大小，还会对应力的发生时刻产生影响。

2. 巷道变形分析

图 5.20 和图 5.21 分别为巷道结构在双向地震作用下观测点 X 方向和 Y 方向位移时程曲线。在双向地震作用下巷道结构各部位的 X 方向、Y 方向位移时程曲线与单向地震作用下的位移时程曲线变化一致，双向地震作用下 X 方向位移峰值大于单向水平地震作用的 X 方向位移峰值，这说明双向地震作用相对于单向地震作用有加强作用。

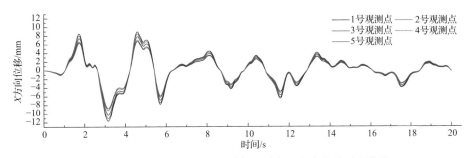

图 5.20　双向地震作用下巷道各观测点 X 方向位移时程曲线

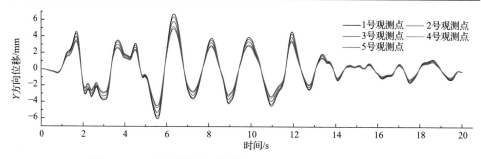

图 5.21　双向地震作用下巷道各观测点 Y 方向位移时程曲线

5.4　巷道地震动力响应的影响因素分析

在第 4 章的基础上，利用有限元分析软件进行大量的数值计算，对地震作用下巷道动态响应规律的影响因素进行初步探讨，主要研究分析巷道埋深、截面形式、衬砌弹性模量、围岩分层、地震波类型对巷道地震动力响应的影响，通过在巷道上设置观测点，对比不同影响因素下巷道的受力分布形式和大小，对比不同影响因素下巷道变形及巷道不同部位的相对位移，对比不同影响因素下巷道不同部位加速度的变化情况。通过对比分析不同影响因素下巷道地震动力响应情况，为巷道的抗震设计提供一些初步的帮助。

5.4.1　巷道埋深对巷道地震动力响应的影响

为了研究巷道埋深对巷道地震动力响应的影响，本节分别考虑 100m、200m、300m、500m 四种巷道埋深工况进行数值计算，其中围岩取均质 I 类岩体。各种工况见表 5.3。

表 5.3　各种工况数值分析

工况	埋深/m	巷道围岩	加载情况	边界条件
工况 1	100	均质泥岩	0.5g 水平方向 EL 波	黏弹性
工况 2	200	均质泥岩	0.5g 水平方向 EL 波	黏弹性
工况 3	300	均质泥岩	0.5g 水平方向 EL 波	黏弹性
工况 4	500	均质泥岩	0.5g 水平方向 EL 波	黏弹性

注：0.5g 为地震加速度。

1. 巷道受力分析

图 5.22～图 5.25 为工况 2 和工况 3 巷道结构 S1 应力和 SXY 应力云图，表

5.4 和表 5.5 为各工况下巷道观测点 S1 应力和 SXY 应力的最大值和最小值。通过分析图 5.22～图 5.25 可知,不同工况下巷道结构 S1 应力和 SXY 应力最大值分布在巷道的顶底板和帮部,其中顶帮和底帮为高应力集中处,只在应力的大小和方向有所区别。通过分析表 5.4 和表 5.5 可知,埋深 100m 时最大 S1 应力出现在顶帮,为 389.6kPa,最大 SXY 应力出现在底帮,为-192.6kPa;埋深 200m 时最大 S1 应力出现在底帮,为 523kPa,最大 SXY 应力出现在底帮,为 255.5kPa;埋深 300m 时最大 S1 应力出现在底帮,为 666.3kPa,最大 SXY 应力出现在底帮,为 325.5kPa;埋深 500m 时最大 S1 应力出现在顶帮,为 745.7kPa,最大 SXY 应力出现在底帮,为-365.4kPa;随着埋深的增加,巷道帮部的应力响应逐渐增大,但是应力增大的趋势逐渐减缓,巷道的顶板、底板仍是重点关注的部位。

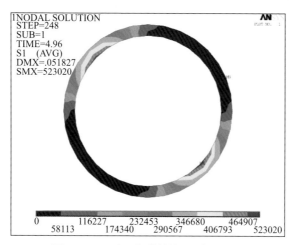

图 5.22　工况 2 巷道结构 S1 应力云图

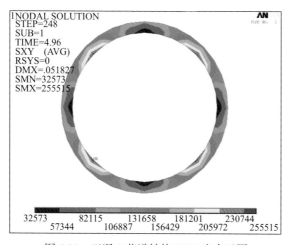

图 5.23　工况 2 巷道结构 SXY 应力云图

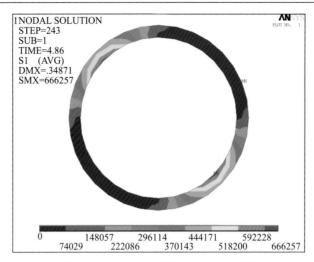

图 5.24　工况 3 巷道结构 S1 应力云图

图 5.25　工况 3 巷道结构 SXY 应力云图

表 5.4　各工况观测点 S1 应力

埋深/m	1 号点(顶板)		2 号点(顶帮)		3 号点(侧中)		4 号点(底帮)		5 号点(底部)	
	最大值 /kPa	最小值 /kPa	最大值 /kPa	最小值 /kPa	最大值 /kPa	最小值 /kPa	最大值 /kPa	最小值 /kPa	最大值 /kPa	最小值 /kPa
100	24.419	0	389.585	0	19.946	0	362.773	0	25.011	0
200	32.606	0	500.608	0	32.217	0	523.020	0	33.162	0
300	41.775	0	649.445	0	41.747	0	666.257	0	42.091	0
500	46.914	0	745.747	0	48.303	0	737.058	0	47.290	0

表 5.5　各工况观测点 SXY 应力

埋深/m	1 号点（顶板）		2 号点（顶帮）		3 号点（侧中）		4 号点（底帮）		5 号点（底部）	
	最大值/kPa	最小值/kPa	最大值/kPa	最小值/kPa	最大值/kPa	最小值/kPa	最大值/kPa	最小值/kPa	最大值/kPa	最小值/kPa
100	22.6	−24.4	176.1	−190.3	22.9	−24.7	177.2	−192.6	23.1	−25
200	32.6	−31.5	253.7	−244.5	32.9	−31.6	255.5	−245.5	33.2	−31.8
300	41.8	−40.9	323.9	−317.2	41.9	−41.1	325.5	−318.6	42.1	−41.2
500	46.3	−46.9	359.2	−364.3	46.4	−47.1	360.1	−365.4	46.5	−47.3

图 5.26 为不同埋深下巷道结构应力曲线图，可以看出巷道结构顶帮（2 号观测点）和底帮（4 号观测点）的高应力集中现象随着埋深的增加越来越明显，应力随埋深增加而增长的趋势在前三种工况下较为明显，工况 3 以后应力增长趋势放缓。图 5.27 为巷道观测点应力随埋深变化曲线，以及巷道结构典型部位的应力，可以

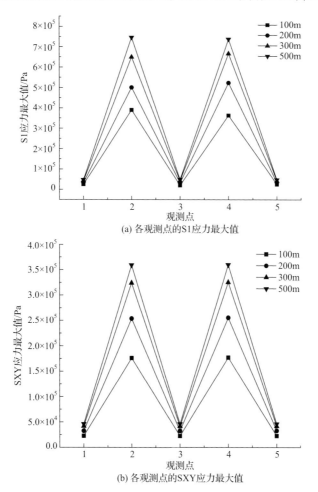

(a) 各观测点的S1应力最大值

(b) 各观测点的SXY应力最大值

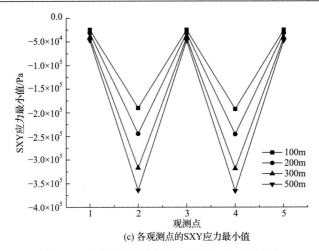

(c) 各观测点的SXY应力最小值

图 5.26 不同埋深下巷道各观测点应力曲线图

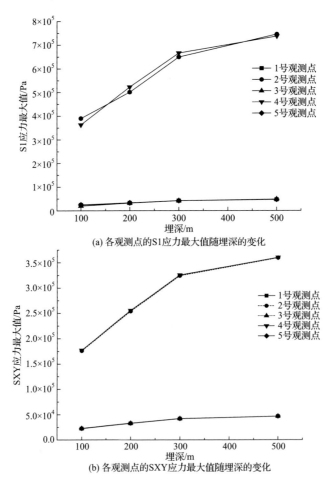

(a) 各观测点的S1应力最大值随埋深的变化

(b) 各观测点的SXY应力最大值随埋深的变化

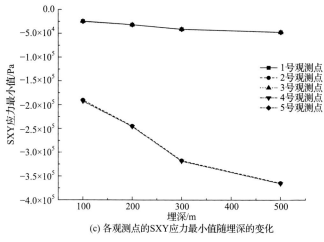

(c) 各观测点的SXY应力最小值随埋深的变化

图 5.27　巷道各观测点应力随埋深的变化曲线

看出，巷道观测点的应力随着埋深的增加而增大，各观测点的应力在埋深 300m 时会有明显的转折点，这说明 300m 的埋深是巷道应力变化的一个临界值，这是由于随着埋深增加，地应力越来越大，对巷道地震动力响应的影响越明显。

2. 巷道位移分析

图 5.28 为不同埋深下巷道各观测点 X 方向位移峰值，图 5.29 为巷道各观测点不同埋深下的 X 方向位移峰值。

通过分析图 5.28 和图 5.29 可知，埋深 100m 时巷道各观测点的 X 方向位移最为明显，埋深 200～300m 时巷道各观测点的 X 方向位移较为接近，而且它们都明显大于埋深 500m 时巷道各观测点的 X 方向位移。巷道各观测点的 X 方向位移随着埋深增加而减小，而这种减小的趋势随着埋深增减而逐渐减缓，同时还观

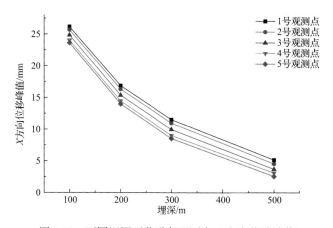

图 5.28　不同埋深下巷道各观测点 X 方向位移峰值

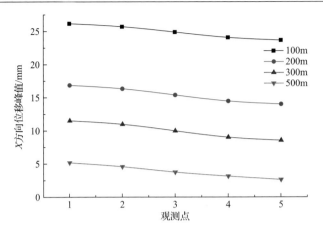

图 5.29　巷道各观测点不同埋深下 X 方向位移峰值

测到 200～300m 埋深下巷道各观测点 X 方向位移曲线有着明显的拐点，这说明只考虑自重作用的地应力情况，埋深 200～300m 对于地震作用下巷道的位移响应可能是一个临界的埋藏深度。

5.4.2　巷道截面形式对巷道地震动力响应的影响

为了研究巷道截面形式对巷道地震动力响应的影响，分别考虑圆形、拱形和矩形三种截面进行研究。各种工况如图 5.30 所示。

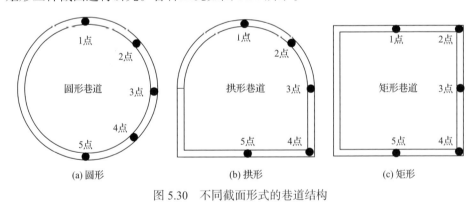

(a) 圆形　　　　　　　(b) 拱形　　　　　　　(c) 矩形

图 5.30　不同截面形式的巷道结构

1. 巷道受力分析

图 5.31 和图 5.32 分别为在地震作用下不同截面巷道结构的 SXY 应力和 S1 应力云图。

通过分析图 5.31 可知，巷道的顶底板、帮部、拱脚、底角处出现了高应力集中现象，对于巷道的高应力集中部位，其中以矩形巷道四个底角处(蓝色区域)

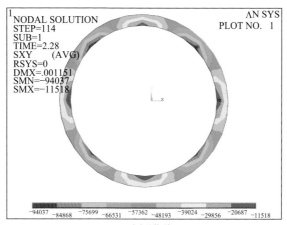

(a) 圆形巷道

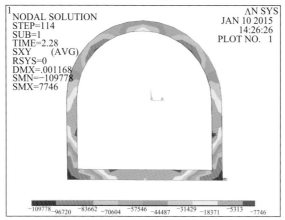

(b) 拱形巷道

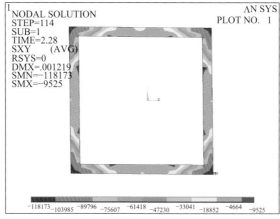

(c) 矩形巷道

图 5.31　不同截面巷道的 SXY 应力云图

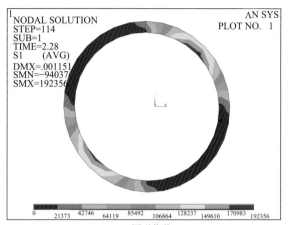

(a) 圆形巷道

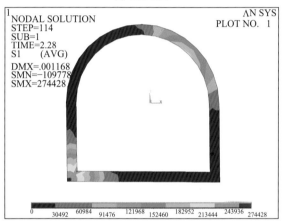

(b) 拱形巷道

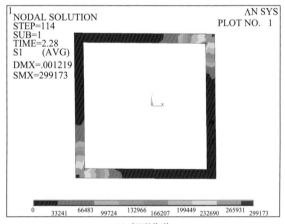

(c) 矩形巷道

图 5.32　不同截面巷道的 S1 应力云图

SXY 应力最大,拱形巷道的上帮和拱脚处(蓝色区域)SXY 应力次之,圆形巷道上下帮部处(蓝色区域)SXY 应力最小;其中矩形巷道的顶底板向墙角逼近时SXY 应力变化剧烈(橙黄色区域向蓝色区域过渡),拱形巷道顶底板向拱帮和拱脚逼近时(橙黄色区域向蓝色区域过渡)SXY 应力变化剧烈程度次之,圆形巷道的 SXY 应力变化程度最小,说明圆形巷道的抗剪稳定性最好。

通过分析图 5.32 可知,在巷道 S1 应力集中部位(红色、橙色区域),矩形巷道的 S1 应力最大,拱形巷道次之,圆形巷道最小,这说明矩形巷道底角处受到拉应力明显大于拱形巷道、圆形巷道;在 S1 应力集中部位,矩形巷道 S1 应力变化最为剧烈(黄色区域向红橙色区域过渡时),拱形巷道 S1 应力变化的剧烈程度(黄色区域向红橙色区域过渡时)次之,圆形巷道 S1 应力变化程度最小;上述说明此时矩形巷道处于极其不稳定状态,容易发生动力失稳破坏现象,矩形巷道的动力稳定性相对拱形巷道、圆形巷道的稳定性最差,圆形巷道的动力稳定性最好,拱形巷道的动力稳定性处于圆形巷道和矩形巷道之间。

图 5.33 和图 5.34 为不同截面巷道的观测点 SXY 应力和 S1 应力时程曲线。通过分析图 5.33 可知,三种截面巷道的观测点 SXY 应力时程曲线与输入地震波加速度曲线变化相近,在巷道顶板(1 号观测点),拱形巷道、圆形巷道的 SXY 应力与矩形巷道的 SXY 应力刚好相反,在数值上拱形巷道和圆形巷道相近,远远大于矩形巷道;在巷道上帮(2 号观测点),三种截面巷道的 SXY 应力变化相近,拱形巷道的 SXY 应力最大,圆形巷道次之,矩形巷道最小;在巷道腰部(3号观测点),拱形巷道和圆形巷道 SXY 应力与矩形巷道相反,在数值上相差较大;在巷道下帮(4 号观测点),矩形巷道 SXY 应力最大;在巷道的底板(5 号观测点),圆形巷道的 SXY 应力最大,拱形巷道和矩形巷道相差不多,且前者的SXY 应力方向与后两者相反;这说明巷道的截面形状对于切应力的大小和方向都有明显的影响,圆形巷道的 SXY 应力变化较为稳定,矩形巷道的 SXY 应力变化最为剧烈。

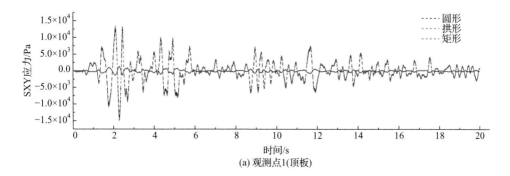

(a) 观测点1(顶板)

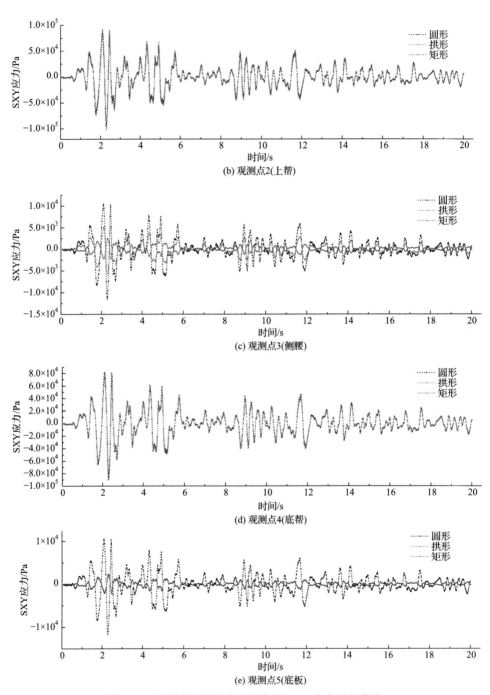

图 5.33   不同截面巷道各观测点的 SXY 应力时程曲线

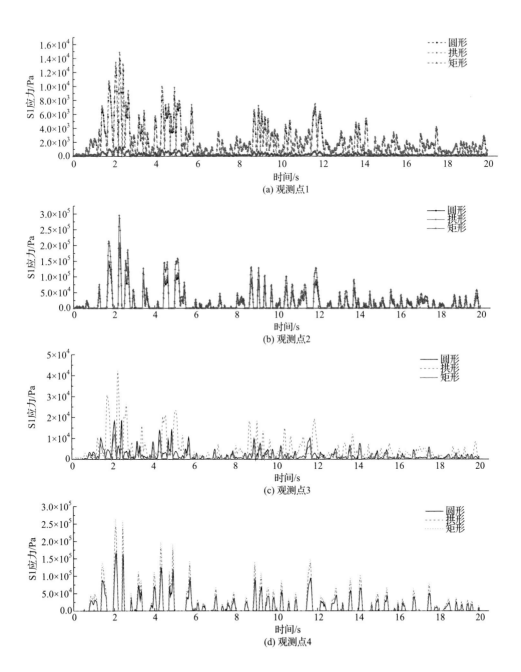

(a) 观测点1

(b) 观测点2

(c) 观测点3

(d) 观测点4

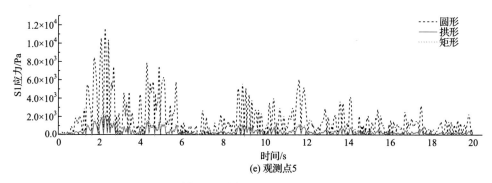

图 5.34　不同截面巷道各观测点的 S1 应力时程曲线

通过分析图 5.34 可知，三种截面巷道的 S1 应力曲线变化相似，都为山峰状，在 2.2s 左右达到峰值；在地震过程中，圆形巷道、拱形巷道的顶板（1 号观测点）S1 应力相近，且大于矩形巷道；矩形巷道的上帮（2 号观测点）S1 应力大于拱形巷道、圆形巷道 S1 应力；拱形巷道腰部（3 号观测点）的 S1 应力明显大于圆形巷道、矩形巷道的 S1 应力，且圆形巷道和矩形巷道的 3 号观测点 S1 应力峰值时刻滞后于拱形巷道的 S1 应力峰值时刻；在巷道下帮（4 号观测点），矩形巷道的 S1 应力大于其他两种截面的 S1 应力；在巷道底板（5 号观测点），圆形巷道的 S1 应力明显大于矩形巷道和拱形巷道的 S1 应力。

通过图 5.33 和图 5.34 的应力变化曲线可知，地震过程中不同截面巷道的不同部位（顶板、帮部、侧腰和底板）的应力响应有着明显的不同。对于拱形巷道的顶板应同时考虑抗剪和抗拉，上帮部应该考虑抗剪更多一些，侧腰应该考虑抗拉；对于圆形巷道的底板应该同时考虑抗拉和抗剪，下帮部应该考虑抗剪多一些；对于矩形巷道主要考虑上下帮部的抗剪和抗拉。

2. 巷道位移分析

通过分析不同截面巷道的 X 方向位移（图 5.35）可知，对于不同截面巷道，顶板位移最大，巷道从顶板顺时针走向底板位移逐渐减小；在顶板处拱形巷道、圆形巷道位移接近，拱腰处三种截面巷道位移相差不大，在底板处拱形巷道、矩形巷道位移接近。矩形巷道顶底板的位移差最大，矩形截面变形大；拱形巷道次之，拱形截面变形较大；圆形巷道最小，圆形截面变形最小。说明地震作用下矩形巷道顶板位移响应最为明显，矩形巷道截面变形最大，动力稳定性最差，圆形巷道顶板位移响应最小，圆形截面变形小，动力稳定性最好，拱形巷道处于两者之间，在地震作用下矩形巷道的位移控制应该作为抗震设计控制的重点，可以有效地增强矩形巷道的稳定性。

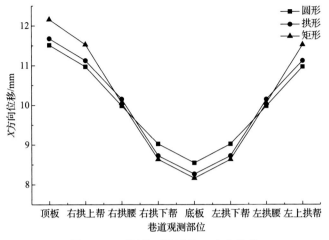

图 5.35　不同截面巷道的 X 方向位移

5.4.3　巷道衬砌弹性模量对巷道地震动力响应的影响

为了研究巷道衬砌的弹性模量对巷道地震动力响应的影响，本节采用圆形截面巷道，巷道埋深为 300m。通过采用不同标号的混凝土来实现不同弹性模量的输入。围岩采用单一Ⅰ类围岩，材料特性见表 5.6。

表 5.6　巷道结构衬砌物理参数

工况	材料名称	弹性模量/GPa	泊松比	密度/(kg/m³)
工况 1	C25	28	0.26	2493
工况 2	C30	30	0.26	2493
工况 3	C40	32.5	0.26	2493
工况 4	C50	34.5	0.26	2493
工况 5	C60	36	0.26	2493
工况 6	C70	37	0.26	2493
工况 7	C80	38	0.26	2493

1. 巷道受力分析

表 5.7 列出了在不同工况下巷道的最大应力和最小应力，图 5.36 和图 5.37 分别为在不同工况下巷道的最大 S1 应力和最大 SXY 应力等值线图。通过表 5.7 可知，随着巷道衬砌弹性模量的增加，巷道的 SXY 应力和 S1 应力逐渐增加。通过分析图 5.36 和图 5.37 可知，不同工况下巷道的最大应力分布一致，主要集中在巷道的上下帮部，具体表现为最大 SXY 应力主要分布在 45°、135°、225° 和 315°

表 5.7　巷道应力最值(Pa)

工况	C30	C40	C50	C60	C70	C80
最小 S1 应力	0	0	0	0	0	0
最大 S1 应力	2778640	2892860	2981140	3045760	3088160	3130040
最小 SXY 应力	−1326180	−1380700	−1422850	−1453720	−1473970	−1493970
最大 SXY 应力	1354470	1410150	1453190	1484710	1505380	1525810

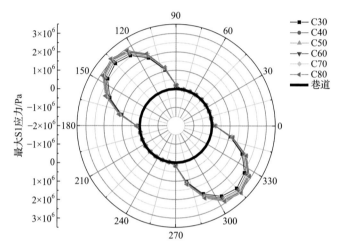

图 5.36　不同衬砌下巷道最大 S1 应力等值线图

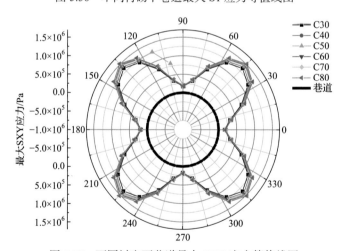

图 5.37　不同衬砌下巷道最大 SXY 应力等值线图

方向,而最大 S1 应力主要分布在 135°和 315°方向。巷道应力的大小随着巷道
衬砌混凝土标号的增加而增大,每增加一个混凝土标号,相应巷道的应力以几

兆帕的速度增长。这说明巷道衬砌的弹性模量对巷道地震动力响应的影响不是很明显。

2. 巷道变形分析

图 5.38 为不同衬砌下巷道各观测点 X 方向位移峰值，表 5.8 列出了巷道各观测点在不同衬砌下的 X 方向位移峰值。通过分析表 5.8 和图 5.39 可知，随着巷道衬砌弹性模量的增强，巷道各观测点的位移响应有微弱的变化，但是这种变化并不明显，这说明巷道衬砌的弹性模量对于巷道在地震作用下的位移影响基本不大，对于地下巷道的抗震设计，提高巷道衬砌的混凝土标号对于巷道结构的抗震性能并无明显改善。

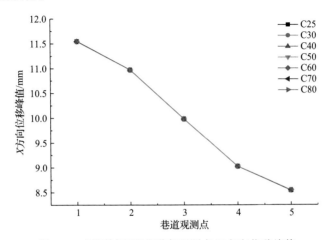

图 5.38　不同衬砌下巷道各观测点 X 方向位移峰值

表 5.8　不同衬砌的巷道观测点 X 方向位移峰值(mm)

工况	1 号观测点(顶板)	2 号观测点(顶腰)	3 号观测点(侧中)	4 号观测点(底腰)	5 号观测点(底部)
C25	11.5521	10.9749	9.98318	9.02377	8.5427
C30	11.5502	10.9742	9.98316	9.02417	8.5443
C40	11.5481	10.9735	9.98308	9.02477	8.546
C50	11.5466	10.9729	9.98308	9.02527	8.5473
C60	11.5455	10.9726	9.98208	9.02557	8.5481
C70	11.5448	10.9723	9.98206	9.02577	8.5487
C80	11.5442	10.9721	9.98108	9.02597	8.5492

5.4.4　围岩分层对巷道地震动力响应的影响

为了研究巷道围岩分层情况对巷道地震动力响应的影响，本节选埋深 300m 的圆形巷道，考虑表 5.9 的围岩物理参数和表 5.10 的 4 种围岩工况，岩层自上向下分为 3 层，计算模型同 5.4.3 节。

表 5.9　巷道围岩物理参数

岩层类别	密度/(kg/m³)	弹性模量/GPa	泊松比	内摩擦角/(°)	黏聚力/MPa
I 类	2200	5.2	0.26	29.5	1.7
II 类	2700	21	0.20	27.8	27.2
III 类	2800	26	0.22	32.1	34.7

表 5.10　巷道围岩分布

工况	围岩层数	围岩类别			
		岩层 1	岩层 2	岩层 3	基岩
工况 1		III	II	I	
工况 2	3 层	III	I	II	III 类
工况 3		I	III	II	
工况 4		I	II	III	

1. 巷道受力分析

表 5.11 列出了巷道各观测点在不同工况下的应力最大值和最小值，图 5.39 和图 5.40 为在不同工况下巷道的最大 S1 应力和最大 SXY 应力等值线图。通过分析图 5.39 可知，不同工况下巷道最大 S1 应力分布相同，且 S1 应力集中在巷道右上帮部和左下帮部，不同工况下最大 SXY 应力主要在巷道的上下帮及其对称部位集中分布；工况 2 的 S1 应力和 SXY 应力最大，工况 4 次之，工况 3 最小。对比表 5.9～表 5.11 和巷道应力最值表 5.11 可知，巷道所处岩层弹性模量大于其他岩层时，来自其他岩层的挤压作用会变小，这会使巷道的最大 S1 应力和最大 SXY 应力减小，在这种围岩分布中，地震作用下巷道的应力会减小，有利于巷道结构的抗震。

表 5.11　巷道结构应力最值(Pa)

工况	工况 1	工况 2	工况 3	工况 4
最小 S1 应力	0	0	0	0
最大 S1 应力	2644670	6324360	2437690	3396000
最小 SXY 应力	−1290220	−3082770	−1190150	−1656740
最大 SXY 应力	1280220	2433070	1064710	1332100

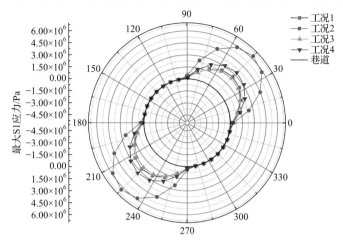

图 5.39　不同工况下巷道最大 S1 应力等值线图

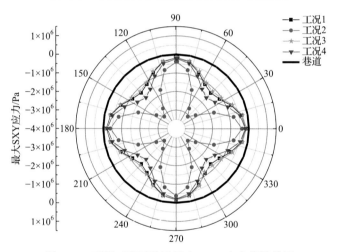

图 5.40　不同工况下巷道最大 SXY 应力等值线图

2. 巷道变形分析

　　表 5.12 列出了在不同工况下巷道各观测点的 X 方向位移峰值, 图 5.41 为在不同工况下巷道各观测点的 X 方向位移峰值。通过分析表 5.12 和图 5.41 可知, 从工况 1 到工况 4 巷道各观测点的 X 方向位移峰值逐渐减小, 通过对比各种工况围岩分布(表 5.10)可知, 巷道的上部围岩一致时, 巷道的 X 方向位移峰值取决于下部围岩的弹性模量。下部围岩弹性模量较小时, 巷道的 X 方向位移峰值较大, 下部围岩弹性模量较大时, 巷道的 X 方向位移峰值较小。这是由于下卧软弱层自身变形吸收了一部分地震能量, 减小了地震对巷道结构变形的作用。

表 5.12 不同工况下巷道各观测点 X 方向位移峰值（mm）

工况	1号观测点(顶板)	2号观测点(顶腰)	3号观测点(侧中)	4号观测点(底腰)	5号观测点(底部)
工况 1	27.082	27.0173	26.8303	26.6432	26.5777
工况 2	18.3747	18.2841	17.8383	17.3901	17.2982
工况 3	16.0028	15.9405	15.7818	15.6223	15.5592
工况 4	10.6046	10.5275	10.2966	10.064	9.9854

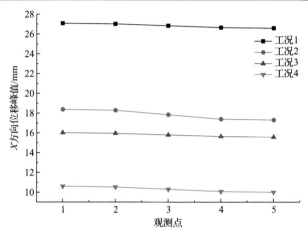

图 5.41 不同工况下巷道各观测点 X 方向位移峰值

5.4.5 地震波类型对巷道地震动力响应的影响

为了分析不同类型的地震波对巷道地震动力响应的影响，选取了 Taft 波、EL 波和唐山波，并且截取其中的 20s，三条地震波加速度峰值调整成 150cm/s^2。其中输入的地震波形如图 5.42 和图 5.43 所示。

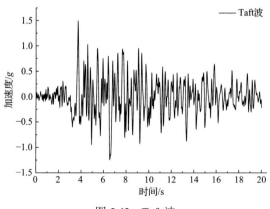

图 5.42 Taft 波

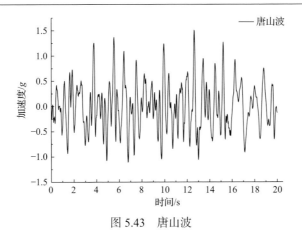

图 5.43　唐山波

1. 巷道受力分析

图 5.44～图 5.47 为巷道在不同地震波作用下的应力最值(S1 应力、等效应力、SXY 应力)的等值线图。通过分析图 5.44～图 5.47 可知, 不同地震波作用下巷道的应力分布基本相同, 应力最值在上下帮部有着明显的集中; 唐山波作用下巷道应力响应最为明显, EL 波次之, Taft 波最小; 唐山波的 S1 应力、SXY 应力最大, 等效应力在 t=7.88s 到达, 最小 SXY 应力在 t=13.22s 达到, 同样 Taft 波分别在 t=7.26s 和 t=5.36s 达到, EL 波分别在 t=4.86s 和 t=3.38s 达到; 综上说明, 不同类型的地震波对于巷道的地震动力响应应力最值的分布没有太大的影响, 但是对于应力最值的大小有着明显的影响, 应力最值会随着地震波的不同而出现在不同的时刻, 三种地震波中唐山波对巷道应力响应最大, 这说明唐山波对于巷道的破坏作用最明显。

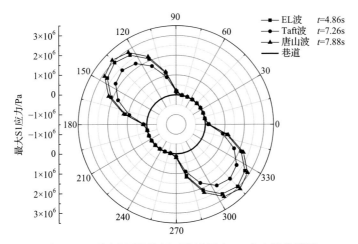

图 5.44　不同地震波作用下巷道最大 S1 应力等值线图

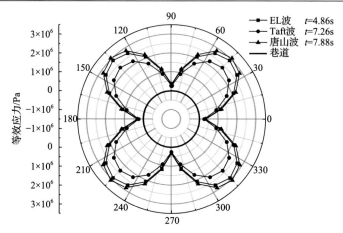

图 5.45　不同地震波作用下巷道等效应力等值线图

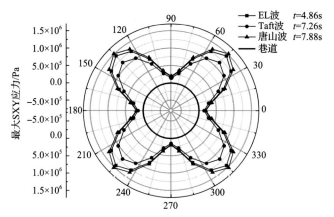

图 5.46　不同地震波作用下巷道最大 SXY 应力等值线图

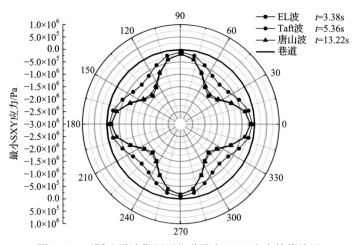

图 5.47　不同地震波作用下巷道最小 SXY 应力等值线图

2. 巷道变形分析

图 5.48 为不同地震波作用下巷道各观测点的 X 方向位移峰值。通过分析图 5.48可知,不同地震波作用下巷道不同部位的X方向位移峰值响应规律基本一致,三种地震波作用下从巷道顶板到底板(1 号观测点到 5 号观测点)位移有缓慢减小的趋势;唐山波作用下巷道各观测点位移峰值大于 Taft 波和 EL 波的位移峰值,EL 波作用下巷道各观测点位移峰值次之,Taft 波作用下巷道各观测点位移峰值最小;这说明在三种地震波加速度峰值相同的情况下,巷道位移峰值响应与输入地震波的特性有着明显的联系,对于巷道结构的抗震设计要充分考虑地震波的特性。

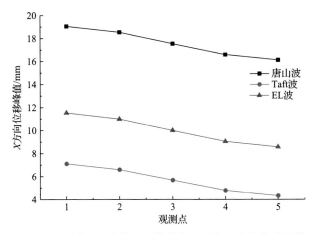

图 5.48　不同地震波作用下巷道各观测点 X 方向位移峰值

本章分析了不同影响因素对巷道地震动力响应的影响,通过数值计算发现,巷道埋深、巷道截面形式、巷道围岩分层、地震波类型对巷道的地震动力响应有着明显的影响,巷道衬砌的弹性模量对巷道的地震动力响应影响较小。具体表现为:埋深变化明显改变巷道的应力、位移响应,且存在一个临界的埋藏深度,使得巷道在临界埋深前后动力响应变化趋势不同;圆形巷道的稳定性要优于拱形巷道和矩形巷道,由于巷道下伏的软岩吸收了地震波能量,从而减小了地震对巷道的破坏作用;相同的地质条件和地震波加速度峰值下,唐山波对巷道的破坏作用要强于 EL 波和 Taft 波。

第6章 巷道的震害灾变过程分析

6.1 计算模型的建立

本节建立了三维的有限元模型，巷道截面的水平方向为 X 轴，巷道竖向为 Y 轴，巷道纵向为 Z 轴。模型尺寸为 X 向 660m，Z 向 300m，Y 向 610m，考虑基岩输入水平地震波，在巷道围岩模型边界设置无反射边界。围岩自上而下分别为 I、V、IV类三层，巷道埋深仍为 300m，巷道衬砌材料选择 C50 混凝土，围岩和混凝土均用 Solid164 单元模拟，巷道采用整体式模型，通过在混凝土材料模型中引入配筋率来考虑钢筋的影响，有限元模型如图 6.1 和图 6.2 所示。

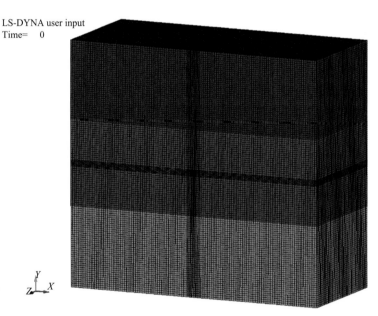

图 6.1 巷道围岩有限元模型

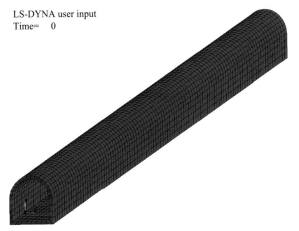

图 6.2　巷道三维有限元模型

6.2　煤矿巷道结构的地震灾变分析

首先进行巷道围岩在自重作用下的静力计算，得到初始应力场，在此基础上输入水平方向的 EL 波，分别考虑拱形巷道和圆形巷道，从巷道结构的应力和损伤角度分析巷道的地震动力响应规律，同时考虑巷道与围岩的接触效应、材料非线性与几何非线性效应。为了便于观测，取巷道纵深 100m 截面作为观测面，如图 6.3 所示。

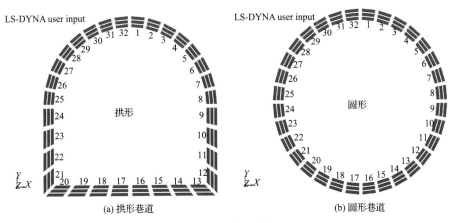

图 6.3　巷道观测位置

6.2.1　巷道应力分析

为了能够清晰分析三维巷道的地震动力响应和巷道应力对巷道的影响，提取能够衡量巷道结构安全与否的等效应力、S1 应力和最大剪应力。图 6.4～图 6.6 分别为拱形巷道典型时刻的应力云图。通过分析图 6.4～图 6.6 可知，在水平地震作用下，巷道结构的等效应力和 S1 应力在底角和拱帮偏下的位置形成高应力集中；最大剪应力主要集中在底角处，拱帮偏下处高应力集中现象弱于底角处，且这种高应力集中现象在巷道纵向分布无明显变化，只在少数截面有所变化；这说明整个拱形巷道的拱帮在地震作用下主要承受拉应力作用，巷道底角则会同时受到拉、剪作用，是巷道容易发生破坏的部位。

　　为了进一步分析巷道应力变化情况，提取了拱形巷道 100m 纵深截面不同部位的最大应力(图 6.7)，通过分析可知，等效应力、S3 应力和最大剪应力的峰值在左右拱帮偏下的位置(5、6、7、26、27、28 号观测点)和底角立板的位置(12、

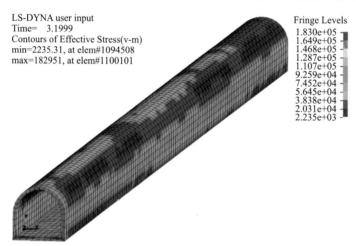

图 6.4　拱形巷道等效应力云图

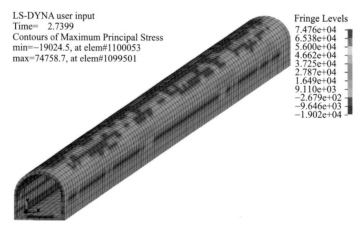

图 6.5　拱形巷道 S1 应力云图

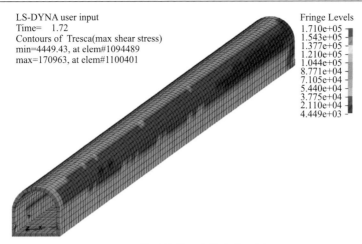

图 6.6 拱形巷道最大剪应力云图

13、20、21 号观测点)；S1 应力峰值在左右拱帮偏下(8 号观测点)和左右立板腰部(10、11、22、23 号观测点)位置；这说明巷道的拱帮偏下和底角是拉、剪复合最大应力区，巷道的立板腰部主要受拉应力作用；地震作用下高应力反复地加、卸载会对巷道的这些部位造成较大破坏，对于在拉、剪复合应力区的拱帮和底角破坏更明显，底角处尤其明显。

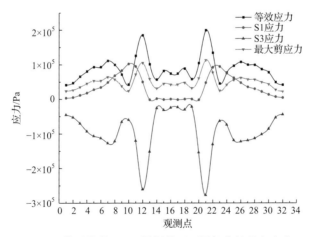

图 6.7 拱形巷道 100m 纵深截面不同部位的最大应力

通过分析圆形巷道 100m 纵深截面不同部位的最大应力(图 6.8)可知，等效应力、最大剪应力、S3 应力在巷道拱腰处(9、25 号观测点)发生高应力集中，S1 应力在巷道的顶板(1、32 号观测点)和底板(16、17 号观测点)处最为集中；圆形巷道各部位等效应力、最大剪应力变化平缓，S1 应力、S3 应力变化较大；圆形巷道的顶板和底板受到的拉压作用明显，在地震作用下容易发生开裂破坏。

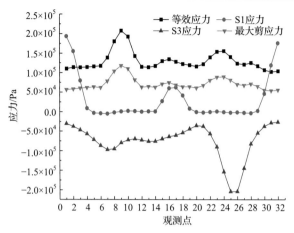

图 6.8　圆形巷道 100m 纵深截面不同部位的最大应力

　　图 6.9～图 6.12 为拱形巷道和圆形巷道 100m 纵深截面不同部位应力图。通过分析图 6.9～图 6.12 可知，圆形巷道等效应力在左右两腰部和底板发生应力集中，拱形巷道则在帮部和底角发生应力集中；圆形巷道 S1 应力在顶板和底板发生应力集中，拱形巷道在左右两个立板发生应力集中；圆形巷道 S3 应力在帮部偏下发生应力集中，拱形巷道在底角发生应力集中；圆形巷道最大剪应力在两腰，拱形巷道在底角发生应力集中；圆形巷道等效应力、S1 应力、最大剪应力应力峰值大于拱形巷道相应应力峰值，圆形巷道 S3 应力峰值小于拱形巷道 S3 应力峰值，但是圆形巷道各应力曲线较拱形巷道各应力曲线变化平缓，拱形巷道各部位应力值相差较大，变化较为剧烈，拱形巷道整体上的应力响应较圆形巷道的应力响应明显；这说明在地震作用下圆形巷道应力分布相对均匀，拱形巷道各部位应力分布不均，圆形巷道抗震性能要好于拱形巷道。

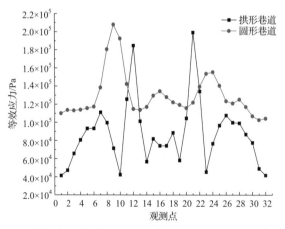

图 6.9　拱形巷道和圆形巷道 100m 纵深截面不同部位的等效应力

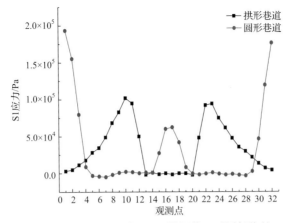

图 6.10　拱形巷道和圆形巷道 100m 纵深截面不同部位的 S1 应力

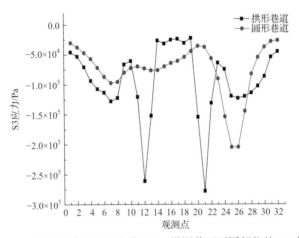

图 6.11　拱形巷道和圆形巷道 100m 纵深截面不同部位的 S3 应力

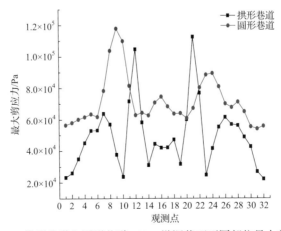

图 6.12　拱形巷道和圆形巷道 100m 纵深截面不同部位最大剪应力

6.2.2　巷道损失分析

巷道的地震破坏主要表现为巷道结构产生开裂、片帮、坍塌等现象，文献
[29]~[31]表明巷道在地震作用下主要发生拉伸破坏，巷道衬砌的塑性区或者损
伤区可以描述巷道的破坏状态。

通过分析巷道的塑性体积应变云图(图 6.13)可知，巷道顶板和拱帮发生了明
显的塑性体积应变，巷道内侧主要集中在上帮部和墙趾处，且由巷道中部向巷道
两端扩展时，巷道的塑性体积应变有减小的趋势，但是在巷道的两个端部又有所
增大，主要原因是端部边界条件不同；其次在巷道内侧的底角处也出现了明显的
塑性体积应变。图 6.14 为巷道损伤值云图，在巷道帮部、腰部至底角立板有着明
显的损伤，这种损伤发生在巷道中部和巷道两个端部。这说明在损伤积累到一定
程度的巷道顶板和腰部容易发生小块脱落、崩裂飞溅四射。

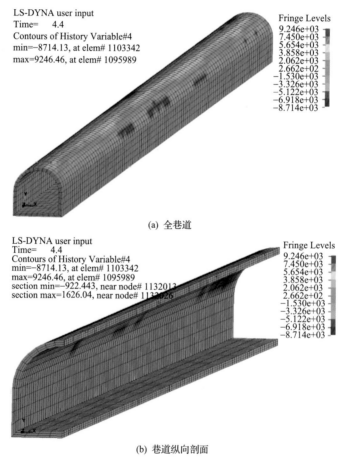

(a) 全巷道

(b) 巷道纵向剖面

图 6.13　拱形巷道塑性体积应变云图

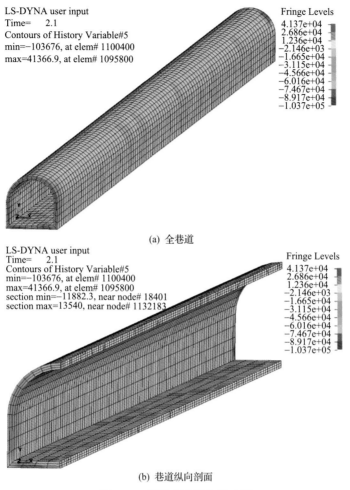

(a) 全巷道

(b) 巷道纵向剖面

图 6.14　拱形巷道损伤值云图

　　同样提取了拱形巷道 100m 纵深截面不同部位的最大塑性体积应变(图 6.15)。通过分析图 6.15 可知,在巷道的左右帮部(5、28 号观测点)和底角底板(13、20 号观测点)处的最大塑性体积应变最为明显,这说明巷道的左右帮部和底角底板会发生相对于其他部位更明显的变形,这可能造成帮部开裂、底角底板翘起,同时伴随着小块石飞溅。图 6.16 为拱形巷道取 100m 纵深截面不同部位的最大损伤值。通过分析图 6.16 可知,在巷道的底角立板(12 号观测点)和与之对应的帮部偏上(30 号观测点)处的损伤较为明显,其中底角立板的损伤最为严重,这说明在地震作用下,底角立板在拉、剪应力反复作用下积累了大量损伤,拱帮偏上损伤程度也要明显大于其他部位;巷道拱帮和底角在塑性体积应变基本一样的情况下,巷道底角处的损伤积累明显大于巷道拱帮处的损伤,这是由底角和拱帮结构形式造成的,这种不一致的损伤积累会造成巷道底角立板比拱帮处最先发生破坏,随着这种破坏的发展,就可能引发立板和顶板破坏,如顶板塌落、立板倾斜等现象。

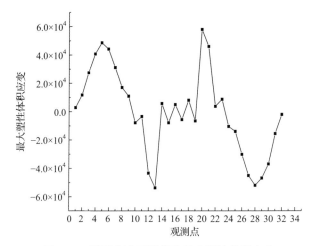

图 6.15　拱形巷道不同部位最大塑性体积应变

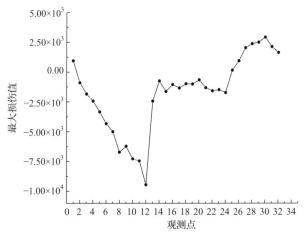

图 6.16　拱形巷道不同部位最大损伤值

通过分析拱形巷道和圆形巷道 100m 纵深截面不同部位的最大塑性体积应变(图 6.17)可知,圆形巷道在上帮(4、5、6 号观测点)的最大塑性体积应变大于拱形巷道,圆形巷道在其他部位的最大塑性体积应变小于拱形巷道,且圆形巷道各部位的最大塑性体积应变变化要比拱形巷道的各部位最大塑性体积应变剧烈。通过分析拱形巷道和圆形巷道 100m 纵深截面不同部位的最大损伤值(图 6.18)可知,圆形巷道的最大损伤值要大于拱形巷道的最大损伤值,且圆形巷道的最大损伤值在下帮处最大；说明圆形巷道在地震过程中能够较好地吸收和耗散能量，抗震性能优于拱形巷道。

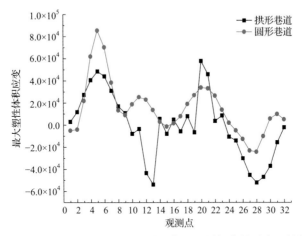

图 6.17　拱形巷道和圆形巷道 100m 纵深截面不同部位的最大塑性体积应变

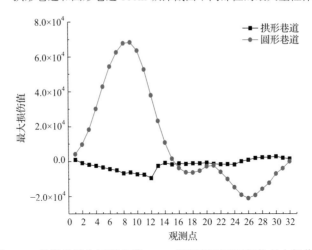

图 6.18　拱形巷道和圆形巷道 100m 纵深截面不同部位最大损伤值

6.2.3　巷道地震响应时程分析

由 6.2.2 节可知，地震作用下拱形巷道的顶板、拱帮、底角处应力最为复杂，变形最为明显。分别提取巷道纵深 100m 截面的顶板、拱帮、底角处的应力和塑性体积应变的时程曲线对巷道整个地震作用下的应力进行分析。

1. 顶板

通过分析拱形巷道顶板的应力时程曲线图(图 6.19)可知，拱形巷道的顶板应

力在 $t=2s$ 和 $t=9s$ 左右出现峰值点；顶板（1号观测点）的等效应力、最大剪应力在峰值处大于顶板偏帮部（2号观测点）的峰值，在整个地震作用中，顶板（1号观测点）和顶板偏帮部（2号观测点）的等效应力、最大剪应力大小交替出现；在整个地震作用中，顶板（1号观测点）的S1应力大于顶板偏帮部（2号观测点）；在整个地震作用中，顶板（1号观测点）的S3应力小于顶板偏帮部（2号观测点）。通过分析拱形巷道顶板的塑性体积应变和损伤值时程曲线图（图6.20、图6.21）可知：在整个地震作用中，顶板（1号观测点）的塑性体积应变和损伤值均小于顶板偏帮部（2号观测点），这是由于在水平地震作用下顶板靠近帮部位置更容易与围岩发生挤压，从而使塑性体积应变和损伤值更明显。

2. 拱帮

通过分析拱形巷道拱帮的应力时程曲线图（图6.22）可知，拱形巷道帮部的等效应力在 $t=2s$ 和 $t=9s$ 左右出现峰值点；5、7号观测点的等效应力、S3应力、最大剪应力在峰值处大于8号观测点（拱帮偏下）的峰值，且应力在15s内大小交替出现；8号观测点（拱帮偏下）的S1应力大于5、7号观测点，说明8号观测点在

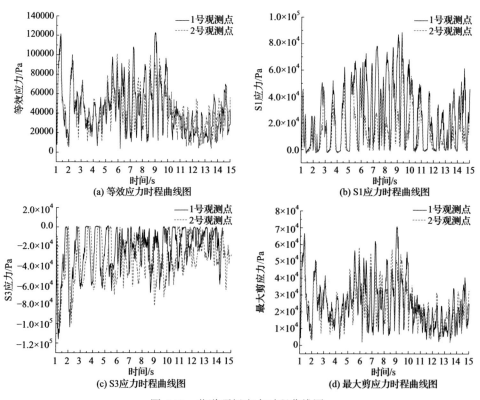

图6.19　巷道顶板应力时程曲线图

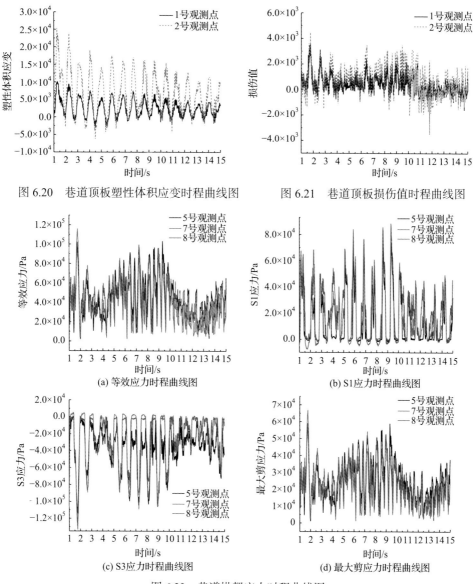

图 6.20　巷道顶板塑性体积应变时程曲线图　　图 6.21　巷道顶板损伤值时程曲线图

(a) 等效应力时程曲线图

(b) S1 应力时程曲线图

(c) S3 应力时程曲线图

(d) 最大剪应力时程曲线图

图 6.22　巷道拱帮应力时程曲线图

15s 内受拉作用明显于 5、7 号观测点,这说明拱帮靠近顶板的位置受到的压剪作用明显,拱帮靠近立板处受到的拉应力明显。

通过分析拱形巷道拱帮的塑性体积应变和损伤值时程曲线图(图 6.23、图 6.24)可知,5 号观测点的塑性体积应变最为明显,7 号观测点塑性体积应变次之,8 号观测点塑性体积应变最小,拱帮和围岩相互挤压作用造成了拱帮位置(5 号观测点)塑性体积应变较大,拱帮偏下位置(8 号观测点)与围岩相互作用较小;8 号观测点损伤值最大，这说明巷道拱帮偏下位置很小的塑性体积应变就可能造成较大的损伤积累，在整个地震过程中拱帮偏下位置应该重点关注。

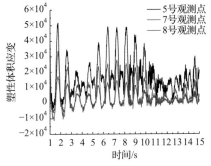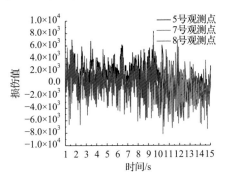

图 6.23　巷道拱帮塑性体积应变时程曲线图　　　图 6.24　巷道拱帮损伤值时程曲线图

3. 底角

通过分析拱形巷道底角的应力时程曲线图(图 6.25)可知，巷道底角的等效应力会在 $t=2s$ 和 $t=8s$ 左右出现两个峰值点，巷道底角立板(12 号观测点)的等效应力峰值大于底角底板(13 号观测点)的等效应力峰值，2s 以后底角底板等效应力

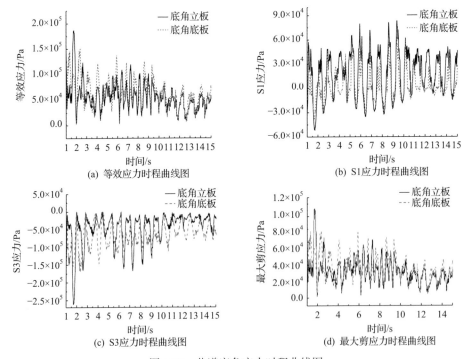

图 6.25　巷道底角应力时程曲线图

大于底角立板等效应力；巷道底角立板的 S1 应力、S3 应力峰值大于巷道底角底板的 S1 应力、S3 应力峰值，其中 3s 到 5s 和 10s 到 15s 中底角底板 S3 应力大于底角立板 S3 应力，整个地震过程中底角立板 S1 应力大于底角底板 S1 应力；巷道底角立板的最大剪应力峰值大于底角底板的最大剪应力峰值，2s 以后底角底板最大剪应力大于底角立板最大剪应力；这说明在整个地震过程中拱形巷道底角处的应力变化复杂，是巷道抗震设计中的重点部位。

通过分析拱形巷道底角的塑性体积应变和损伤值时程曲线图(图 6.26、图 6.27)可知，底角立板和底角底板的塑性体积应变基本一致，底角底板的塑性体积应变大于底角立板的塑性体积应变，底角立板的损伤值大于墙角底板的损伤值；这说明在整个地震过程中，拱形巷道的底角底板更容易发生塑性变形，造成巷道结构变形破坏，底角立板更容易积累损伤，造成巷道结构的突然破坏。

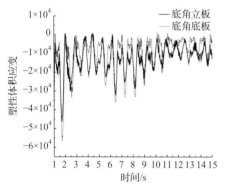

图 6.26　巷道底角塑性体积应变时程曲线图

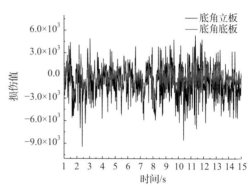

图 6.27　巷道底角损伤值时程曲线图

6.3　考虑巷道损伤的地震动力破坏分析

本节对地震作用下巷道的动力破坏形态进行模拟分析，根据文献[75]、[76] 对所采用的 72 号材料模型定义失效准则(极限应力或极限应变)来模拟巷道衬砌的开裂破坏，通过数值仿真动态显示巷道从弹性、塑性屈服直至破坏塌落的过程。岩体本构仍然采用 Drucker-Prager 模型。模型边界设置无反射边界条件用来吸收地震波的反射，地震波为在基岩输入 EL 波。巷道采用自动单面接触，巷道与围岩之间设置侵蚀接触。

图 6.28 为巷道从开裂到破坏、后期破坏快速扩展的过程。通过分析图 6.28 动态过程图可知，拱形巷道在 3.5s 之前基本处于弹性工作阶段。随着地震波周期性作用，巷道结构的损伤逐渐积累，在 4s 时巷道底角处的单元最先出现破坏，并且在短时间内底角处破坏单元数目快速增多，说明巷道底角从点开裂后迅速向

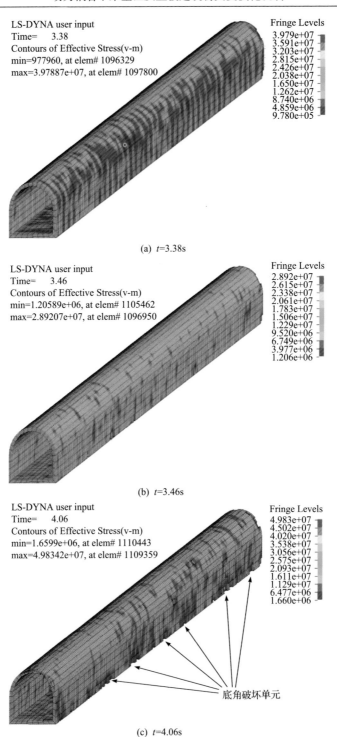

(a) t=3.38s

(b) t=3.46s

(c) t=4.06s

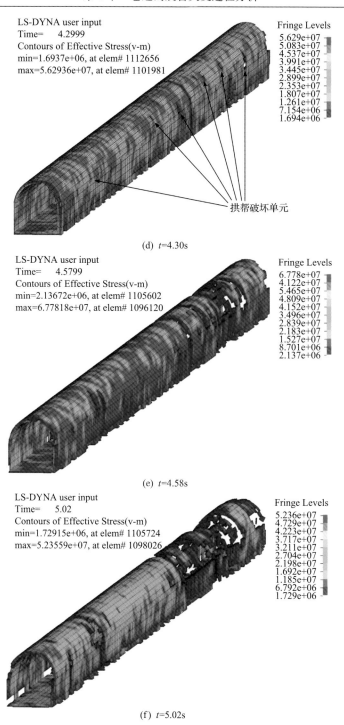

(d)　t=4.30s

(e)　t=4.58s

(f)　t=5.02s

图 6.28　拱形巷道破坏过程

周边扩展，4.3s 时巷道半数底角单元已经失效，同时在巷道拱帮处开始出现了破坏点，且在巷道拱帮偏下位置最先出现贯穿破坏点，4.3s 时还出现了个别整个截面单元破坏失效的情况。4.3～4.5s 巷道底角和拱帮的破坏迅速扩展，造成末端顶板破坏坍塌，随着拱帮处的破坏沿着巷道纵向扩展。

　　图 6.29 为巷道局部破坏引发整个巷道破坏过程图。通过分析图 6.29 可知，在 5.44s 时，巷道的破坏裂纹已经扩展到整个巷道结构，主要表现为巷道帮部偏下位置的单元和巷道底角处单元失效，拱帮单元失效引发巷道顶板塌落，巷道底角单元失效引发巷道立板失稳、倾斜，巷道这两个部位的破坏失稳引发了整个巷道结构的破坏、坍塌。

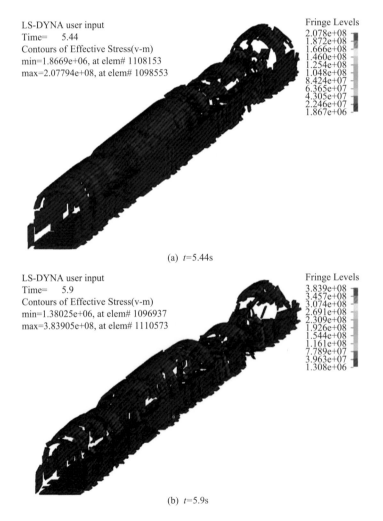

(a) t=5.44s

(b) t=5.9s

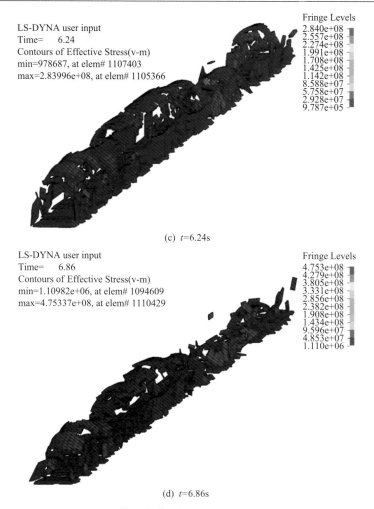

LS-DYNA user input
Time=   6.24
Contours of Effective Stress(v-m)
min=978687, at elem# 1107403
max=2.83996e+08, at elem# 1105366

Fringe Levels
2.840e+08
2.557e+08
2.274e+08
1.991e+08
1.708e+08
1.425e+08
1.142e+08
8.588e+07
5.758e+07
2.928e+07
9.787e+05

(c) t=6.24s

LS-DYNA user input
Time=   6.86
Contours of Effective Stress(v-m)
min=1.10982e+06, at elem# 1094609
max=4.75337e+08, at elem# 1110429

Fringe Levels
4.753e+08
4.279e+08
3.805e+08
3.331e+08
2.856e+08
2.382e+08
1.908e+08
1.434e+08
9.596e+07
4.853e+07
1.110e+06

(d) t=6.86s

图 6.29　拱形巷道局部引发整个巷道破坏过程

第三部分　采空区地震动力响应分析

第 7 章　采空区场地的地震动力响应分析

7.1　采空区场地模型的建立

根据黑龙江七台河某矿区的地质条件，建立土层模型 A 和 B，它们分别为分层的自由场地及存在煤矿采空区的场地，其高为 130m，长宽分别为 300m 和 150m，埋深 105m，土层结构共分为七层，由砂土、泥岩和砂岩组成。本章采用的土体本构模型为弹塑性本构模型，Mohr-Coulomb 强度准则为本章采用的破坏准则。模型侧边界为法向约束，底面为全固定约束，上表面为自由边界。在进行网格划分时，考虑众多因素，具体有限元网格划分结果如图 7.1 所示。具体的岩土层力学参数见表 7.1[26]。

在采空区中心正上方地表设置监测点 A，在采空区边缘正上方距 A 点 15m 及 75m 取监测点 D 和 E，沿 A 点所在的中心线方向依次设置监测点 B、C，与 A 点的距离分别 45m、85m。自由场监测点位置与煤矿采空区存在时布置相同，如图 7.1 所示。

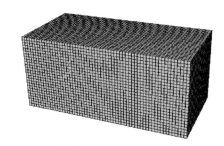

(a) 自然条件下的场地土层模型A

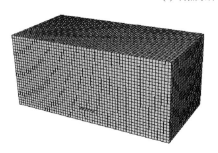

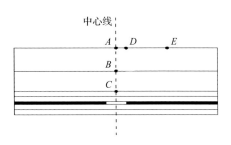

(b) 存在煤矿采空区的场地土层模型B

图 7.1　模型 A 和模型 B

表 7.1　岩土层力学参数

岩体名称	弹性模量/MPa	泊松比	密度/(kg/m³)	厚度/m	黏聚力/MPa	内摩擦角/(°)
砂土	20	0.29	1920	45	0.25	30
粉砂岩 1	2010	0.184	2650	40	1.35	35
中粗砂岩	3830	0.226	2790	10	1.7	30
泥岩 1	2060	0.226	2600	10	2	28
煤	1800	0.272	1400	5	0.65	28
泥岩 2	2100	0.226	2600	10	2.1	28
粉砂岩 2	2690	0.184	2450	10	2.45	35

在计算中采用的基本假设如下。

(1)各层的岩土层与煤矿采空区的材料均为各向同性且均质的材料，也就是不考虑场地的非线性。煤矿采空区在线性的环境下工作。

(2)在地震作用下，煤矿采空区与岩土层之间不发生相对滑动或脱离的现象，即所要研究的界面可以达到位移的协调条件。

(3)在岩层与煤矿采空区的基岩面上输入地震波激励，基岩面上的每一个点保持一致性运动，即不考虑行波效应。同时为了研究的需要也不考虑地震波斜入射的情况。

(4)不考虑地下水对煤矿采空区所产生的压力效应，以及地震发生时水与岩石的流固耦合效应。

为了有效区别煤矿采空区与自由场地的地震动力响应，本章计算所输入的地震波为 Taft 波和人工地震波，时间历程取前 20s，时间间隔取 0.02s，考虑二阶效应影响，竖向荷载取重力荷载代表值。地震波的时程曲线如图 7.2 和图 7.3 所示。根据《建筑抗震设计规范》(GB 50011—2010)在进行有限元数值计算模拟时分三

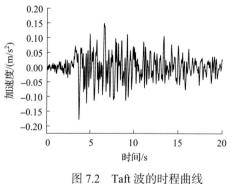

图 7.2　Taft 波的时程曲线

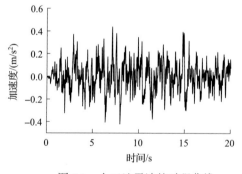

图 7.3　人工地震波的时程曲线

种工况进行计算，工况一，地震波的加速度峰值为 0.1g(g 为重力加速度)；工况二，地震波的加速度峰值为 0.15g；工况三，地震波的加速度峰值为 0.2g。

7.2　采空区地表点地震动力响应分析

选用 Taft 波、人工地震波进行地震波输入，对自由场地模型进行弹塑性时程分析，通过不同采深的加速度、位移时程来分析自由场对地震波的放大作用以及与埋深的关系。

图 7.4 给出了加速度峰值 0.15g 的 Taft 波和人工地震波作用下，土体纵向 A、B、C 三点的水平加速度时程曲线。由图 7.4 可知，自由场地不同埋深点 B、C 与表面点 A 以及基岩输入土体的地震波加速度时程曲线的形状大致一样；对于 Taft 波而言，表面 A 点的加速度峰值为 0.27g，而 B、C 两点的加速度峰值分别为 0.18g 和 0.16g；对于人工地震波而言，表面 A 点的加速度峰值为 0.38g，而 B、C 两点的加速度峰值分别为 0.25g 和 0.23g。通过两种地震波数据可以得出，表面 A 点的加速度峰值比 B、C 两点的加速度峰值要大，并且都大于输入地震波的加速度峰值。由此可以判断，随着土层深度的变浅，地表地震波的加速度放大效应加强，符合《建筑抗震设计规范》(GB 50011—2010)的相关规定，该有限元分析模型相对比较合理，其数值计算结果的可靠度也较高。

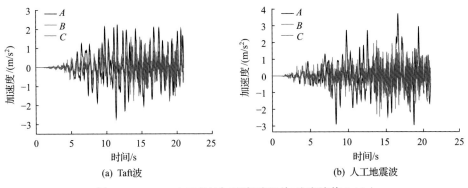

图 7.4　A、B、C 三点的加速度时程(加速度峰值 0.15g)

图 7.5 是输入地震波的加速度峰值为 0.15g 时自由场地不同埋深监测点在两种地震波作用下的水平位移曲线。从图 7.5 可以看出：在 Taft 波作用下 A、B、C 点的水平位移分别为 0.170m、0.047m、0.014m；而在人工地震波作用下 A、B、C 点的水平位移分别为 0.383m、0.077m、0.016m。可以得出，位移在正方向和负方向的振幅都随埋深的增加而变小，在地表处其位移的峰值达到最大，虽然埋深不同但沿竖直方向上各个点的位移却是同步振动的。

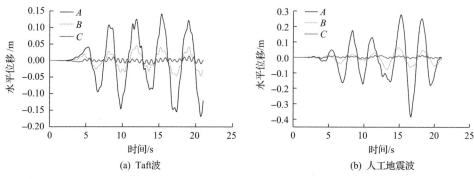

图 7.5 土体不同埋深监测点的水平位移曲线

图 7.6 和图 7.7 为两种地震波作用下自由场地与存在煤矿采空区的场地表面 A 点的水平位移时程曲线，其最大水平位移见表 7.2 和表 7.3。分析图 7.6 与表 7.2 和表 7.3 发现，随着输入地震波加速度峰值的增加，场地表面的位移峰值也随之增加。煤矿采空区对地表位移的地震动力响应影响较大，与自由场地相比，煤矿采空区的存在降低了地表的位移峰值。

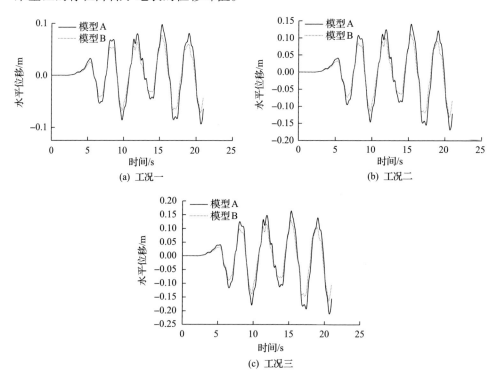

图 7.6 三种工况 Taft 波作用下两种模型地表监测点 A 的水平位移时程曲线

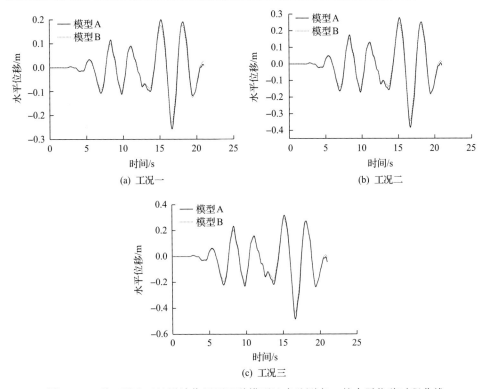

图 7.7　三种工况人工地震波作用下两种模型地表监测点 A 的水平位移时程曲线

表 7.2　不同工况下地表监测点 A 最大水平位移（Taft 波）

监测点 A	不同工况下水平位移/m		
	工况一	工况二	工况三
模型 A	0.098	0.168	0.211
模型 B	0.077	0.132	0.165
差值	0.021	0.036	0.046

表 7.3　不同工况下地表监测点 A 最大水平位移（人工地震波）

监测点 A	不同工况下水平位移/m		
	工况一	工况二	工况三
模型 A	0.257	0.383	0.484
模型 B	0.233	0.344	0.437
差值	0.024	0.039	0.047

分析图 7.8 和图 7.9 及表 7.4 和表 7.5 可知，在两种地震波作用下，煤矿采空

区不同位置的地表加速度动力响应差别较大，其加速度峰值大小为：煤矿采空区
远处＞煤矿采空区正上方＞煤矿采空区边缘，由此可以判断，煤矿采空区降低了
地表的地震动力响应，这主要是因为煤矿的采动作用破坏了岩(土)层内部结构的
完整性，导致其裂缝、空洞等增加，削弱了岩(土)层的强度和刚度，岩土介质的
松散度和破碎度得到增加，影响了地震波的传递，耗散了地震波的传播能量，从
而降低了地表的地震动力响应。

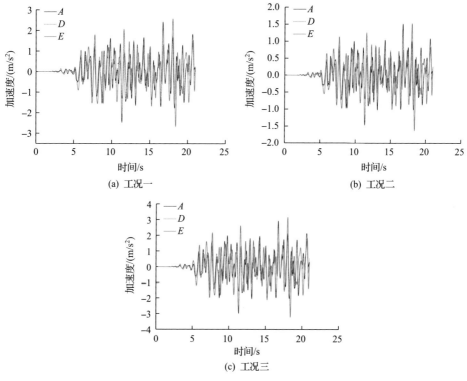

图 7.8　Taft 波作用下地表加速度动力响应

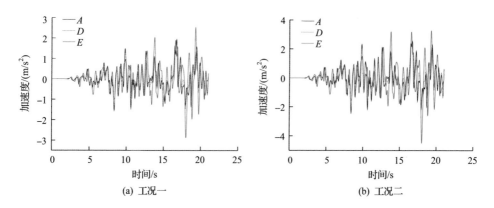

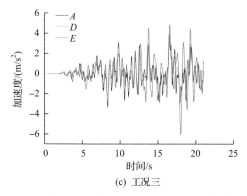

(c) 工况三

图7.9　人工地震波作用下地表加速度动力响应

表7.4　煤矿采空区地表各监测点加速度时程（Taft波）

不同监测点	不同工况下最大加速度		
	工况一	工况二	工况三
A	0.15g	0.25g	0.31g
D	0.14g	0.23g	0.28g
E	0.17g	0.27g	0.33g

表7.5　煤矿采空区地表各监测点加速度时程（人工地震波）

不同监测点	不同工况下最大加速度		
	工况一	工况二	工况三
A	0.20g	0.26g	0.40g
D	0.18g	0.25g	0.39g
E	0.30g	0.46g	0.62g

7.3　采空区地表响应的影响因素分析

7.3.1　模型的建立

建立存在煤矿采空区的均匀场地模型，模型的长和宽都为500m，模型的高为1000m，煤层采高为5m，长150m，单元数为74844个。采用泥岩作为单一的岩石层，其弹性模量为2060MPa，煤层的材料力学性质同上。在场地煤层的中部建立煤矿采空区，场地的本构模型与破坏准则与7.1节模拟相同，模型及监测点的设置如图7.10所示。所选用的地震波仍然是Taft波和人工地震波。

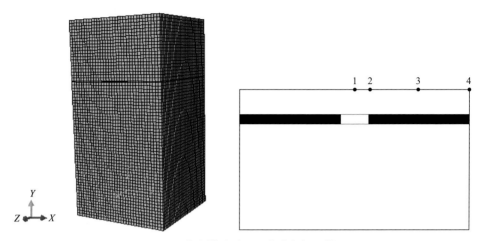

图 7.10　存在煤矿采空区的均匀场地模型

7.3.2　采空区埋深对地表加速度峰值的影响

图 7.11 为煤矿采空区不同埋深对地表各监测点的加速度峰值的影响。表 7.6 与表 7.7 分别表示在 Taft 波和人工地震波作用下，地表各点的加速度峰值。结合图 7.11 和表 7.6、表 7.7 可以得出，随着煤矿采空区的埋深增加，监测点的加速度峰值呈上升的状态，在监测点 3 处的加速度峰值却在逐渐减小，造成这种现象的原因可能是随着煤矿采空区的埋深增加，煤矿采空区对地表的影响范围也随之变大。在 Taft 波和人工地震波的作用下，地表监测点的加速度峰值也有所不同，这说明地表加速度峰值的大小还与地震波本身的特性有关。

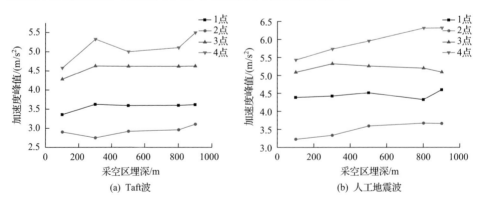

(a) Taft波　　　　　　　　　　　　　(b) 人工地震波

图 7.11　不同地震波作用下煤矿采空区不同埋深对地表监测点加速度峰值的影响

表 7.6　不同采空区埋深下地表各监测点加速度峰值(**Taft** 波)(m/s^2)

不同监测点	不同埋深				
	100m	300m	500m	800m	900m
1	3.357	3.625	3.591	3.594	3.612
2	3.007	2.755	2.923	2.960	3.105
3	4.282	4.628	4.619	4.615	4.621
4	4.577	5.328	4.999	5.104	5.494

表 7.7　不同采空区埋深下地表各监测点加速度峰值(人工地震波)(m/s^2)

不同监测点	不同埋深				
	100m	300m	500m	800m	900m
1	4.387	4.424	4.518	4.362	4.604
2	3.230	3.338	3.596	3.675	3.665
3	5.089	5.326	5.261	5.204	5.493
4	5.433	5.735	5.957	6.319	6.325

7.3.3　采空区土体弹性模量对地表加速度峰值的影响

在定义材料时选取了三种弹性模量，分别为 2.06GPa、2.69GPa、3.83GPa。选用煤矿采空区埋深 500m，输入地震波的加速度峰值为 0.2g 进行分析。地表加速度峰值与土体弹性模量的关系如图 7.12 所示。

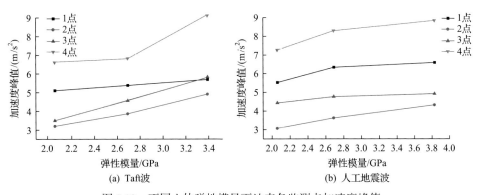

图 7.12　不同土体弹性模量下地表各监测点加速度峰值

表 7.8 和表 7.9 分别给出了在 Taft 波与人工地震波作用下，由于土体弹性模量的不同，地表各监测点加速度峰值的大小。结合图 7.12 和表 7.8、表 7.9 可以得出，煤矿采空区存在的情况下，土体弹性模量的不同对地表的地震波加速度峰值会有很大的影响，在 Taft 波和人工地震波作用下，随着土体弹性模量的增加，

地表的加速度峰值也随之增大，原因可能是土体弹性模量增加，土体硬度变大，地震波在其传播过程中耗散的能量减小。通过图 7.12(a) 与图 7.12(b) 比较，基岩底部输入人工地震波时地表的加速度峰值比基岩底部输入 Taft 波时的加速度峰值大，这也说明了地表的加速度峰值也与输入地震波的性质有关。

表 7.8　不同弹性模量下地表各监测点加速度峰值(Taft 波) (m/s²)

不同监测点	不同弹性模量		
	2.06GPa	2.69GPa	3.38GPa
1	4.884	5.137	5.441
2	3.045	3.673	4.683
3	3.342	4.372	5.542
4	6.314	6.499	8.707

表 7.9　不同弹性模量下地表各监测点加速度峰值(人工地震波) (m/s²)

不同监测点	不同弹性模量		
	2.06GPa	2.69GPa	3.38GPa
1	5.524	6.332	6.586
2	3.062	3.620	4.314
3	4.427	4.761	4.917
4	7.257	8.289	8.834

7.4　采空区群的地震响应分析

7.4.1　采空区群对地表地震波加速度响应的影响

图 7.13 为在地震波的作用下，存在煤矿采空区群与存在单一煤矿采空区对复杂场地地表加速度时程的影响。通过图 7.11 分析可知，存在单一煤矿采空区的复杂场地在 Taft 波作用下其加速度峰值为 7.27m/s²，在人工地震波作用下其加速度峰值为 8.82m/s²；存在煤矿采空区群的复杂场地在 Taft 波作用下其加速度峰值为 5.32m/s²，在人工地震波作用下其加速度峰值为 8.30m/s²。通过数据可以得知，其地震波形状与输入地震波的形状比较相似，并且煤矿采空区群对地表加速度峰值的影响比单一煤矿采空区更明显，煤矿采空区群上方的地表加速度峰值要小于单一煤矿采空区上方的地表加速度峰值，这主要是因为煤矿采空区群改变原有岩(土)层结构更为突出，使岩层的松散度较单一煤矿采空区更大，降低岩(土)层强度的能力更强，并且在地震波传播时通过煤矿采空区群所需要的耗散量更大，因

为地震波反射、折射等所需要的能量增加。在人工地震波作用下仍然可以得出同样的结论,只不过在地震波的加速度峰值上与 Taft 波相比有所不同,这也说明加速度峰值与地震波的性质也存在一定关系。

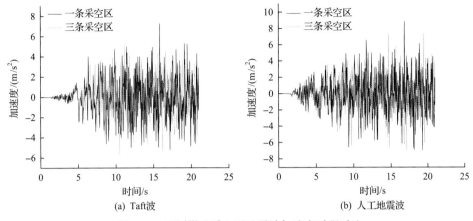

图 7.13　不同煤矿采空区地震波加速度时程对比

7.4.2　采空区群对地表地震波位移响应的影响

图 7.14 为在地震波作用下,存在煤矿采空区群与存在单一煤矿采空区对复杂场地地表位移时程的影响。通过图 7.14 分析可知,存在单一煤矿采空区的复杂场地在 Taft 波作用下其位移峰值为 0.181m,在人工地震波作用下其位移峰值为 0.180m;存在煤矿采空区群的复杂场地在 Taft 波作用下其位移峰值为 0.133m,在人工地震波作用下其位移峰值为 0.175m。通过数据对比可以知道,煤矿采空区群上方的地表位移峰值小于单一煤矿采空区上方的地表位移峰值,主要原因与对地表加速度峰值影响原因相同,当存在煤矿采空区群时地震波在传播过程中消耗

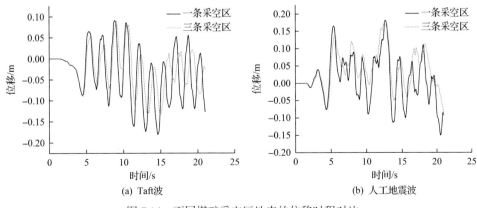

图 7.14　不同煤矿采空区地表的位移时程对比

的能量多于存在单一煤矿采空区消耗的能量，那么地震波传播到地表时所剩的能量就会较小。与加速度峰值影响情况一样，位移峰值的大小也与输入地震波本身的性质有关。

7.4.3　多遇地震作用下煤矿采空区群应力响应分析

图 7.15 和图 7.16 为加速度峰值 0.05g 情况下，Taft 波和人工地震波作用下，不同时刻沿着地下结构横向等效应力变化云图。从图 7.13 中可以看出，随着时间的变化，等效应力也有着明显的不同，在 20s 时两个采空区之间的煤柱其上顶与下底出现了应力集中现象，在 Taft 波作用下，其等效应力峰值分别为 7.92MPa 和 8.17MPa，而在煤柱中部其等效应力峰值为 5.95MPa；在人工地震波作用下，其等效应力峰值分别为 7.00MPa 和 7.08MPa，而在煤柱中部其等效应力峰值为 5.01MPa。通过图形和数值可以知道，煤矿采空区煤柱的上顶与下底是容易遭到破坏的薄弱部位，并且下底的等效应力大于上顶的等效应力，原因可能是下底还受到来自基底岩石的作用反力。通过图 7.15 和图 7.16 对比还可以得出，两煤矿采空区之间的煤柱其等效应力峰值大于煤矿采空区另一侧的等效应力峰值，这说明了地震作用下两个煤矿采空区之间存在着相互作用。由于输入地震波的能量较小，在传播过程中耗散量较大，所以没有到达煤矿采空区群承载能力极限值，煤矿采空区群上部岩石层移动较小，塌落现象不明显。

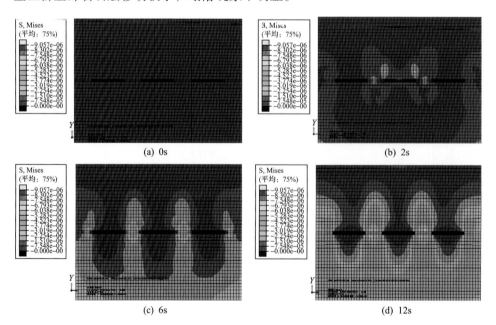

(a) 0s　　　　　　　　　　　　　　　　(b) 2s

(c) 6s　　　　　　　　　　　　　　　　(d) 12s

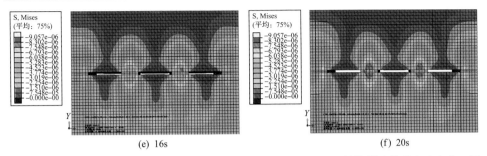

(e) 16s   (f) 20s

图 7.15　加速度峰值 0.05g 情况下 Taft 波作用下不同时刻沿着地下结构横向等效应力变化云图

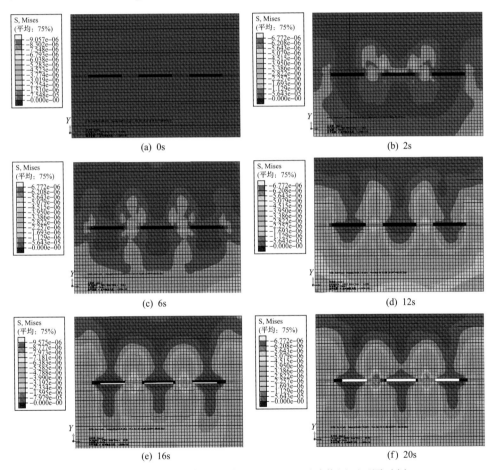

(a) 0s   (b) 2s

(c) 6s   (d) 12s

(e) 16s   (f) 20s

图 7.16　加速度峰值 0.05g 情况下人工地震波作用下不同时刻
沿着地下结构横向等效应力变化云图

　　图 7.17 和图 7.18 为加速度峰值 0.05g 情况下，Taft 波与人工地震波作用下，不同时刻沿着地下结构纵向等效应力变化云图。随着时间的变化，等效应力云

图也在不断地变化。在 20s 时，从图 7.17 和图 7.18 中可以看出，在煤柱的上顶和下底处出现了应力集中现象；在人工地震波作用下其应力响应与 Taft 波有所不同；在 16s 时，在煤柱上顶与下底的应力集中现象更为明显，这与地震波本身的特性有关，同时在人工地震波作用下其结构损伤状况也比较明显。在这两种地震波作用下煤矿采空区之间的煤柱上顶与下底是容易被破坏的薄弱部位。

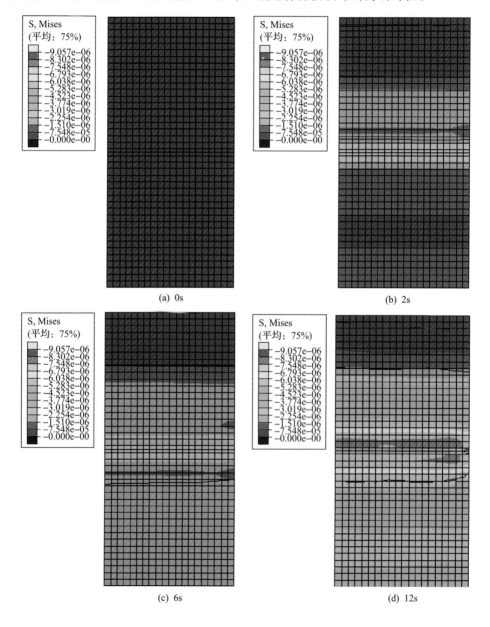

(a) 0s　　　　　　　　　　　　(b) 2s

(c) 6s　　　　　　　　　　　　(d) 12s

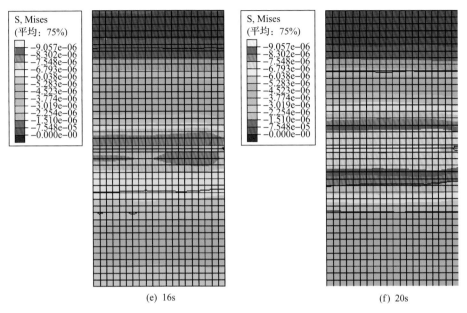

图 7.17　加速度峰值 0.05g 情况下 Taft 波作用下不同时刻沿着地下结构纵向等效应力变化云图

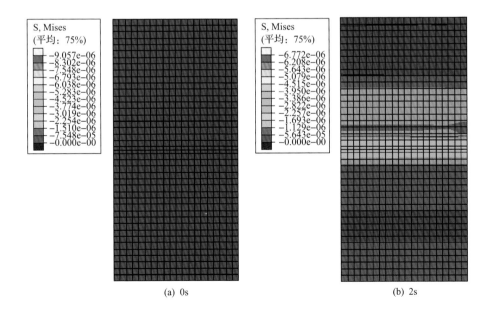

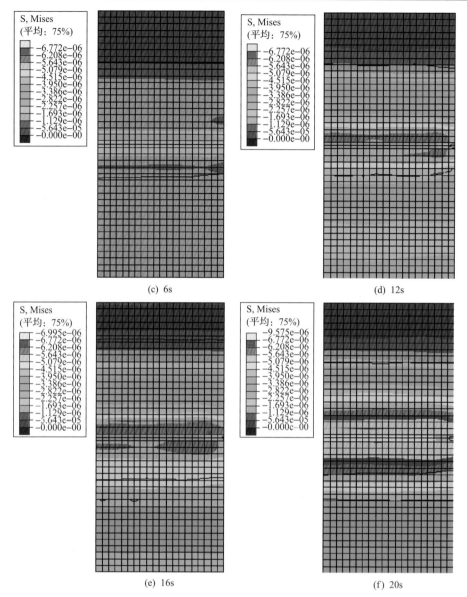

(c) 6s

(d) 12s

(e) 16s

(f) 20s

图 7.18　加速度峰值 0.05g 情况下人工地震波作用下不同时刻沿着
地下结构纵向等效应力变化云图

7.4.4　罕遇地震作用下煤矿采空区群应力响应分析

图 7.19～图 7.22 为加速度峰值 0.2g 情况下 Taft 波与人工地震波作用下，不同时刻沿着地下结构横纵向等效应力变化云图。由于输入地震波含有较大的能

量，在地震波传播过程中煤矿采空区上覆岩层出现明显的塌落现象，并且在煤柱的上顶和下底出现应力集中现象，出现这种现象的主要原因：在没有地震荷载作用下，煤矿开采本身就破坏了岩石的稳定性，其应力状态发生改变，采空区上覆岩层在自重作用下，会向下产生移动变形，但由于其内部应力小于岩层的应力强度，同时还有煤柱的支撑作用，所以其顶板没有达到破碎和断裂的要求，即沿层面法向位移变化很小，几乎不明显；随着地震波的输入，岩层在动荷载的作用下其微缺陷(孔洞以及微裂纹)就会随之产生，并且会逐步发展直至出现裂纹面，此时在开采微缺陷的基础上岩石的应力强度被破坏，其材料由弹性阶段进入塑性不可恢复阶段，煤矿采空区群的上覆岩体产生塌陷。在煤矿采空区群边界煤柱形成增压区，这主要是由于岩层移动，使煤矿采空区群周边的应力重新分布，所以出现增压区，其压力峰值将会变为原岩应力场的 3～4 倍，由于这种支撑压力的作用，煤柱被压缩，产生应力集中现象，严重时煤柱将会被压碎，所以煤柱是容易被破坏的薄弱部位。

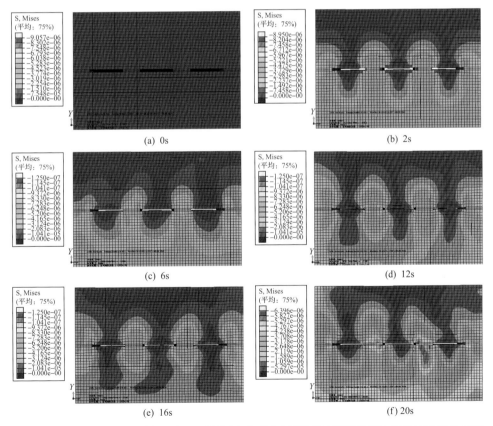

图 7.19　加速度峰值 0.2g 情况下 Taft 波作用下不同时刻沿着地下结构横向等效应力变化云图

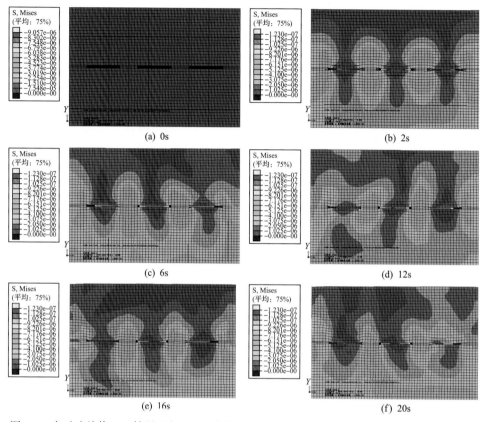

图 7.20 加速度峰值 0.2g 情况下人工地震波作用下不同时刻沿着地下结构横向等效应力变化云图

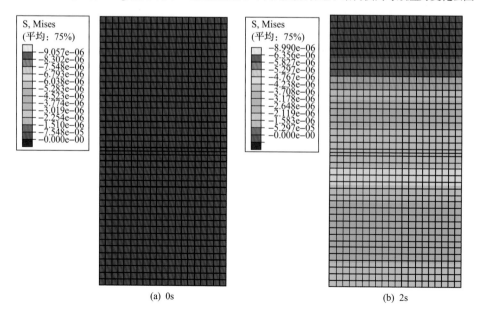

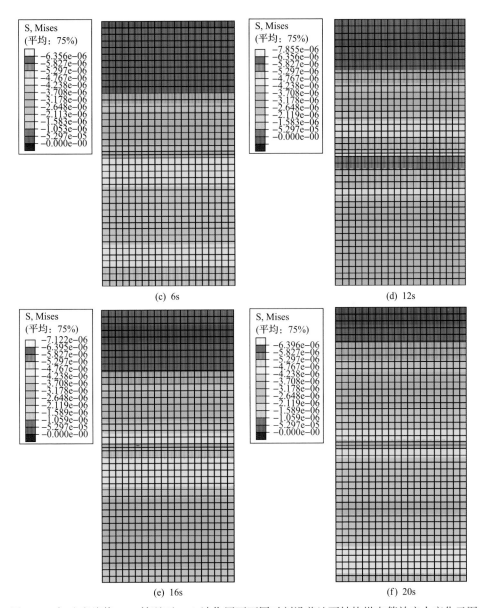

图 7.21　加速度峰值 0.2g 情况下 Taft 波作用下不同时刻沿着地下结构纵向等效应力变化云图

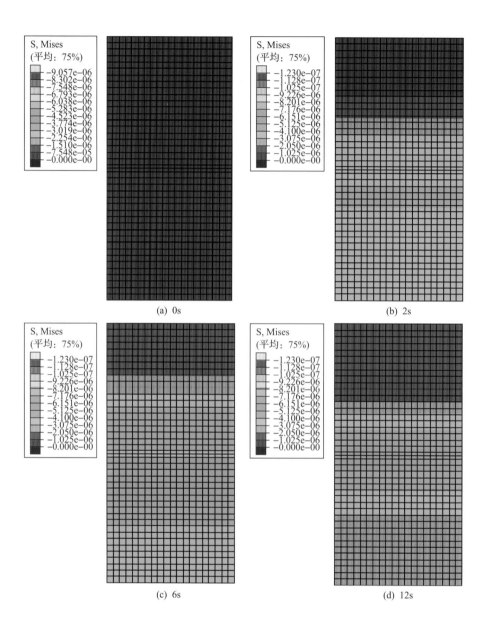

(a) 0s　　　　　　　　　　　　　　　　(b) 2s

(c) 6s　　　　　　　　　　　　　　　　(d) 12s

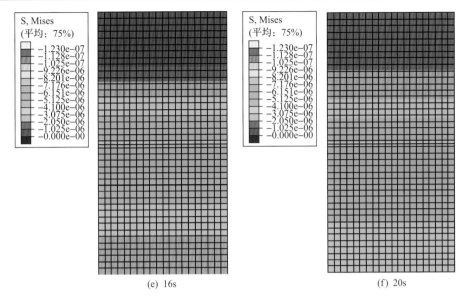

(e) 16s   (f) 20s

图 7.22   加速度峰值 0.2g 情况下人工地震波作用下不同时刻沿着
地下结构纵向等效应力变化云图

第四部分　采空区地表建筑物灾变动力及能量特征

第8章 煤矿采动损伤建筑的地震动力响应分析

8.1 采动损伤基础理论

煤矿开采引起的地表移动变形，通过基础以附加应力的形式作用于上部结构，一定程度上对结构产生初始损伤，在地震荷载往复作用下，加剧了结构的易损性，严重削弱了建筑物的抗震性能。在对煤矿开采对建筑物抗震性能扰动分析中，损伤指数能够较好地反映结构的破坏程度，为采空区建筑物抗震性能研究提供科学依据。

按照损伤力学的方法量化分析结构的受损程度，首先要定义损伤指数 D 为结构或构件在反应时程中某一累计量与其对应的指标极限允许量之比，是描述结构或构件受损程度的变量。损伤指数具有如下性质(表 8.1)。

表 8.1 不同破坏程度的损伤指数

破坏程度	基本完好	轻微	中等	严重	倒塌
损伤指数	0～0.20	0.20～0.40	0.40～0.65	0.65～0.90	>0.90

(1)损伤指数 $D \in [0, 1]$，当 $D=0$ 时，结构或构件无损伤；当 $D=1$ 时，通常认为结构或构件已经完全破坏；当 $0<D<1$ 时，结构或构件处于无损与完全破坏之间。

(2)损伤指数 D 具有单调递增不可逆性，只会朝着增大的方向发展。

在建筑结构的抗震性能研究中，主要关注的是楼层或结构的损伤状态，而楼层或结构由多个构件组成，构件的损伤在一定程度上决定了楼层或结构的损伤。通过研究构件的损伤模型可确定构件在地震动力作用下的损伤状态，在此基础上，将构件损伤按照一定的组合方法便可反映楼层或结构的损伤，也可以采用能够反映结构的物理量来量化结构损伤。

用来描述整个结构损伤的物理量(破坏参数)包括：固有模态量、刚度、变形、能量等，建立综合损伤模型。经常使用的损伤模型主要有两大类：单参数损伤模型和双参数损伤模型。通过上述破坏参数中一类量化结构的损伤，称为单参数损伤模型。

同济大学的王立明等[77]提出的单参数损伤模型为

$$D = 1 - \frac{f_i^2}{f_0^2} \tag{8.1}$$

式中：f_i 为结构损伤后的固有频率；f_0 为结构初始时的固有频率。

吴波等[78]采用楼层间各构件损伤线性加权平均求和的方法。

并联结构系统：

$$D = \sum_{i=1}^{N} \frac{k_{0i}}{k_0} D_i \tag{8.2}$$

式中：k_{0i} 为第 i 个构件的无损刚度；D_i 为第 i 个构件的损伤值；k_0 为整个结构的无损刚度，且 $k_0 = \sum_{i=1}^{N} k_{0i}$；$N$ 为组成结构的构件数目。

并联结构系统：

$$D = \frac{\sum_{i=1}^{N} \frac{k_{0i} D_i}{\left[k_{0i}(1 - D_i) \right]^2}}{k_0 \left[\sum_{i=1}^{N} \frac{1}{k_{0i}(1 - D_i)} \right]^2} \tag{8.3}$$

式中：$k_0 = \dfrac{1}{\sum\limits_{i=1}^{N} \dfrac{1}{k_{0i}}}$。

随着地震反应分析方法的不断完善，人们认识到单参数损伤模型反映结构的损伤不是很理想。于是双参数损伤模型(不同破坏参数的组合)逐渐成为主流。地震往复荷载作用下，双参数损伤模型不仅考虑了结构的最大反应，而且考虑了地震持时的累积损伤，二者是对立统一的关系，随着结构累积损伤的增加，最大反应控制界限不断降低；随着结构最大反应的增加，结构累积损伤破坏界限不断降低。充分说明结构破坏是由最大反应和累积损伤二者共同作用所引起的，国内外学者经过多年大量的震害监测资料和试验数据也证实了这一结果。因此，双参数损伤模型广泛应用于地震工程领域。Park 等在总结了大量钢筋混凝土梁柱试验的基础上，提出了钢筋混凝土结构双参数损伤模型[79,80]：

$$D = \frac{\delta_{\mathrm{m}}}{\delta_{\mathrm{u}}} + \beta \frac{\int \mathrm{d}\varepsilon}{Q \delta_{\mathrm{u}}} \tag{8.4}$$

式中：δ_{m} 为结构的最大变形；δ_{u} 为单调荷载作用下结构的极限变形；β 为循环

荷载影响系数；$\int \mathrm{d}\varepsilon$ 为结构累积塑性耗能；Q 为结构屈服强度计算值。

江近仁和孙景江[81]在大量砖砌体结构试验的基础上，提出了砖结构的损伤指数为

$$D = \left[\left(\frac{X_{\mathrm{m}}}{X_{\mathrm{y}}}\right)^2 + 3.67\left(\frac{\varepsilon}{QX_{\mathrm{y}}}\right)^{1.12}\right]^{\frac{1}{2}} \tag{8.5}$$

式中：X_{m} 为结构的最大变形；X_{y} 为结构屈服强度；ε 为结构的累积滞回耗能；Q 为结构的名义屈服强度。

欧进萍等[82]以钢支撑结构为研究对象，提出的损伤指数为

$$D = \left(\frac{X_{\mathrm{m}}}{X_{\mathrm{u}}}\right)^{\beta} + \left(\frac{\varepsilon}{\varepsilon_{\mathrm{u}}}\right)^{\beta} \tag{8.6}$$

式中：X_{u} 为结构的极限变形；ε_{u} 为结构的极限累积滞回耗能；目前，β 的值是不确定的，有待继续研究。

牛荻涛和任利杰[83]在现有几种双参数损伤模型的基础上，基于计算的实用性和简单性，以钢筋混凝土框架结构为研究对象，通过多组振动台试验，模拟结构在唐山波、天津波等作用下的动力反应，利用统计回归法确定变形与耗能的组合模型参数，对上述几种损伤模型进行改进，提出了钢筋混凝土结构双参数损伤模型，损伤指数为

$$D = \frac{X_{\mathrm{m}}}{X_{\mathrm{u}}} + 0.1387\left(\frac{\varepsilon}{\varepsilon_{\mathrm{u}}}\right)^{0.0814} \tag{8.7}$$

式中：X_{m} 为结构楼层层间的最大位移；X_{u} 为结构楼层的极限位移；ε 为结构的累积滞回耗能；ε_{u} 为结构的极限累积滞回耗能。

此算法对 $X_{\mathrm{m}}/X_{\mathrm{u}}$、$\varepsilon/\varepsilon_{\mathrm{u}}$（变形与耗能）单独引起的结构损伤进行了非线性组合，更加符合实际，基于算法的简单性和适用性强等特点，本章将采用这种改进的双参数损伤模型研究 SSI 效应对煤矿采动损伤建筑抗震性能的影响。

8.2　采动损伤建筑模型的建立

煤矿区建筑物多以低层或多层框架结构为主，因此本节以框架结构为研究对象，进行煤矿区煤矿开采对建筑物抗震性能的扰动规律研究。该矿区有现浇

钢筋混凝土框架结构办公楼，共六层，底层层高 4.2m，其余层高均为 3.6m，纵向 4 跨，跨度为 4.5m，横向 2 跨，跨度为 6m。该办公楼总高度为 22.2m，总长度为 18m，总宽度为 12m。梁、楼板、柱、基础均采用强度为 C30 的混凝土，取弹性模量 30GPa，密度 2700kg/m³，泊松比 0.2。基础为筏板基础，尺寸为 28m×16m×1m，为了更好地模拟土-结构相互作用对煤矿采动损伤建筑物抗震性能的影响，地基土体作用范围为 120m×60m×11m。框架结构平面图如图 8.1 所示。

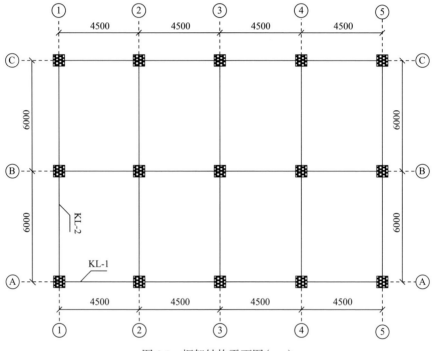

图 8.1　框架结构平面图(mm)

该矿区地质条件良好，地基土体主要有砂土、粉砂岩、泥岩、煤岩，简化处理后各岩体和煤层力学参数[84]见表 8.2。结合本节的研究对象和 ANSYS 软件的特点，土体的本构定义为 Drucker-Prager 屈服准则，经过改进后其本构模型为 Mohr-Coulomb 强度准则的近似。Drucker-Prager 屈服准则可表示为

$$\sigma_e = 3\beta\sigma_m + \sqrt{\frac{1}{2}\boldsymbol{S}^T\boldsymbol{M}\boldsymbol{S}} = \sigma_y \tag{8.8}$$

式中：$\boldsymbol{S}$ 为偏应力；σ_m 为平均应力，$\sigma_m = \frac{1}{3}(\sigma_x + \sigma_y + \sigma_z)$；$\boldsymbol{M}$ 为常系数矩阵；

β 为材料常数，$\beta = \dfrac{2\sin\phi}{\sqrt{3}(3-\sin\phi)}$，$\phi$ 为材料的内摩擦角；σ_y 为屈服强度，$\sigma_y =$

$\dfrac{6c\cos\phi}{\sqrt{3}(3-\sin\phi)}$，$c$ 为材料的黏聚力。

表 8.2　岩层力学参数

名称	弹性模量/MPa	泊松比	强度/MPa	容重/(kN/m³)	厚度/m	黏聚力/MPa	内摩擦角/(°)
砂土	20	0.29	0.5	19.2	1	0.25	30
粉砂岩	2010	0.184	44.9	26.5	4	1.35	35
泥岩	2100	0.226	30.5	26.0	2	2.10	28
煤岩	1800	0.272	11.8	14.0	2	0.65	28
粉砂岩	2690	0.184	50.3	24.5	2	2.45	35

有限元模型建立过程中，梁、柱采用三维线性 BEAM188 梁单元，板采用 SHELL63 壳单元，地基和基础均采用实体 SOLID64 单元，梁柱整体采用分离式建模，并用 CPINTF 技术进行自由度耦合；采用 EREINF 加强筋单元技术对梁、板、柱配筋。该办公楼的 ANSYS 有限元模型如图 8.2 所示。

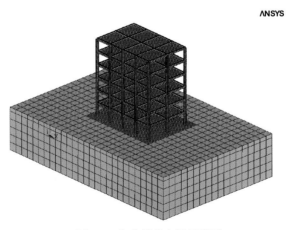

图 8.2　办公楼的有限元模型

纵筋选用 HRB400，查阅《混凝土结构设计规范》(GB 50010—2010) 8.5.1 条文对框架结构梁、板、柱的配筋率要求[85]，选取梁、板、柱的配筋率，见表 8.3。

表 8.3　建筑物的构件属性

构件	尺寸/mm²	混凝土型号	弹性模量/GPa	配筋型号	配筋率/%
中柱	500×500	C30	30	HRB400	1.2
边柱	500×500	C30	30	HRB400	1.2
中梁	250×500	C30	30	HRB400	0.8
边梁	250×500	C30	30	HRB400	0.8
板	120	C30	30	HRB400	0.2

基于 ANSYS 软件内嵌的 APDL 和 FORTRAN 语言进行二次开发,编制计算程序对建筑结构的梁、柱、板中钢筋进行刚度 EI 等效法处理,采用刚度 EI 等效法调整弹性模量的整体式建模,改进后的整体单元刚度矩阵和材料本构矩阵为

$$K = \sum \int \boldsymbol{B}^{\mathrm{T}} \boldsymbol{D} \boldsymbol{B} \mathrm{d}V \tag{8.9}$$

$$\boldsymbol{D} = \left(1 - \sum_{i=1}^{N_r} V_i^{\mathrm{S}}\right) \boldsymbol{D}_{\varepsilon\rho}^{\mathrm{C}} + \sum_{i=1}^{N_r} V_i^{\mathrm{S}} \boldsymbol{D}_i^{\mathrm{S}} \tag{8.10}$$

式中:$\boldsymbol{D}_{\varepsilon\rho}^{\mathrm{C}}$ 为混凝土弹塑性本构矩阵;$\boldsymbol{D}_i^{\mathrm{S}}$ 为各钢筋本构矩阵;V_i^{S} 为构件中钢筋的配筋率;N_r 为所选钢筋的种类(最大为 3);K 为整体刚度矩阵;$\boldsymbol{B}$ 为单元应变矩阵。

经过上述处理后,组合式模型不需要考虑钢筋和混凝土分离,不仅缩短了计算时间,而且提高了计算精度,满足规范要求[86]。

研究土-结构相互作用需要准确地模拟无限地基辐射阻尼效应,需要从半无限空间的土体中选取有限的计算区域,计算区域也就是土体的有效区域。通过在土体计算区域的边界上设立阻尼,这样反射波在穿过土体边界时被连续介质的辐射阻尼所吸收,基本不会反射回计算区域,这种边界考虑了散射波能量的吸收。为此,国内外学者对人工边界做了大量的研究,目前较为成熟的人工边界有 Smith 的叠加边界、Clayton 的旁轴边界、John Lysmer 的黏性边界、廖振鹏的透射边界以及 Deeks 等人的黏-弹性边界。结合本节的研究对象特点,选用黏-弹性人工边界。黏-弹性人工边界概念清晰,数值模拟软件中操作简捷,应用范围广泛。

黏-弹性人工边界中的连续介质辐射阻尼可等效为由连续分布的并联弹簧-阻尼系统组成,基本原理是通过阻尼器吸收透过人工边界的散射波能量,弹簧提供无限地基的弹性恢复力。在实际模拟中常简化为图 8.3 的弹簧-阻尼系统。

具体到 ANSYS 软件显式分析中,在已有的黏性边界节点上对应施加三维弹簧单元,这种方法具有简单、高效、易实现的优点。关键问题是如何选择合适的弹簧刚度系数才能更好地提供地基弹性恢复力。同样,阻尼系数的选择关系到人

工边界对反射波能量的吸收程度。因此刘晶波等[87]以球面和柱面的波动方程理论为依据，推导了弹簧刚度系数和阻尼系数的计算公式。

切向边界：

$$\begin{cases} K_{iT} = \alpha_T \dfrac{G}{R} \\ C_{iT} = \rho c_s \end{cases} \tag{8.11}$$

法向边界：

$$\begin{cases} K_{iN} = \alpha_N \dfrac{G}{R} \\ C_{iN} = \rho c_p \end{cases} \tag{8.12}$$

式中：K_{iT}、K_{iN} 为切向和法向刚度系数；C_{iT}、C_{iN} 为切向和法向阻尼系数；α_T、α_N 为切向和法向刚度修正系数；c_s、c_p 为远域地基的剪切波速和纵波波速；G 为地基介质的剪切模量；R 为散射波源到黏-弹性人工边界的距离；ρ 为地基介质密度。

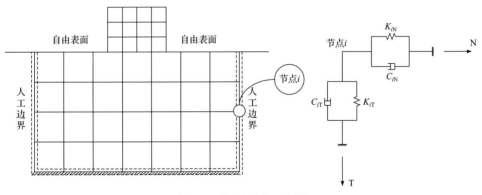

图 8.3　黏-弹性人工边界

刘晶波等[87]经过大量的算例分析后，给出了人工边界切向和法向刚度修正系数 α_T、α_N 的取值范围和推荐值，见表 8.4。

表 8.4　修正系数取值范围和推荐值

模型	参数	取值范围	推荐值
二维	α_N	0.35～0.65	0.5
	α_T	0.8～1.2	1.0
三维	α_N	0.5～1.0	0.67
	α_T	1.0～2.0	1.33

查阅《建筑抗震设计规范》(GB 50011—2010)[88]和《高层建筑混凝土结构技术规程》(JGJ 3—2010)[89]中的相关内容，建筑物弹塑性时程分析选取地震波时应满足以下要求。

(1)依据地震分组和场地类别，地震波选择应包括实际强震记录和人工地震波两种，且分别不少于地震波总数的 2/3 和 1/3。

(2)按表 8.5 选取地震波所采用的加速度峰值；

(3)输入地震波加速度时程曲线的有效持续时间，为结构基本周期的 5～10 倍，且不应小于 12s。

表 8.5　时程分析所用地震加速度时程的最大值(cm/s^2)

地震影响	6 度	7 度	8 度	9 度
多遇地震	18	35(55)	70(110)	140
罕遇地震	125	220(310)	400(510)	620

注：括号内数值分别用于设计基本地震加速度为 0.15g 和 0.30g 的地区，此处 g 为重力加速度。

选取的地震波要满足峰值、频谱特性、地震持时的要求，结合该办公楼所处工程地质条件及结构的自振周期，为了能够清晰地分析建筑物在采动与地震耦合作用下的滞回耗能和损伤的变化过程，需要选取较长时间的强烈地震波。本节选用了持时 20s 的 EL(1940N-S)波、Taft(1952E-W)波和一条人工地震波，满足包含最大幅值及持时 5T～10T(T 为建筑物的自振周期)的要求，模拟烈度为 7 度时的罕遇地震作用，如图 8.4 所示。

根据本节的研究内容选择 LS-DYNA 显式分析法进行模拟分析。根据工程概况，结合材料本构模型的选取，建立三维弹塑性有限元模型(图 8.5)，通过建立黏-弹性人工边界，减小散射波对反射的影响。

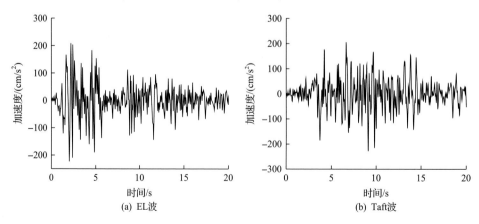

(a) EL波　　　　　　　　　　　　(b) Taft波

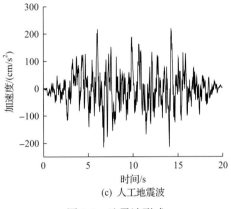

(c) 人工地震波

图 8.4　地震波形式

模拟地下煤层开采形成采空区的过程中，在土体和建筑物自重作用下建筑物发生倾斜，其纵向最大倾斜值为 0.038m，纵向平均倾斜度为 0.002，即 2mm/m。采动引起建筑物产生附加变形和附加应力，局部结构构件产生初始损伤，如图 8.5所示。

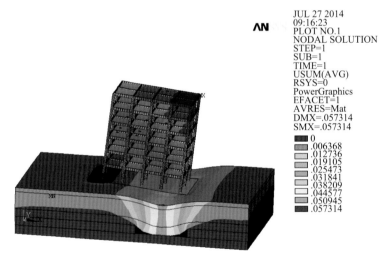

图 8.5　三维弹塑性有限元模型模拟采动作用

8.3　采空区建筑物的动力特征

关于煤矿采空区建筑物抗震性能的研究大多是基于刚性地基假设，实际上地震作用下的建筑物，其地基-基础-上部结构是一个相互协调的统一体，对于受煤矿采动与地震耦合作用下的建筑物，将土-结构作为整体系统来研究显得尤为突出。

通过模态分析可以获得结构体系最基本的两个动力参数——周期及频率，这两个参数反映了结构体系的基本动力特性，对二者的深入研究是结构动力分析的基础和必要条件。因此对刚性地基假定和考虑土-结构相互作用的结构模型进行模态分析，以获得不同条件下的结构自身动力特性。

通过对比两种条件下的模态分析结果(表 8.6)可知：考虑土-结构相互作用下的建筑结构的第一自振周期是刚性地基条件下的 1.261 倍，第二自振周期是刚性地基条件下的 1.605 倍，很明显考虑土-结构相互作用对结构的自振周期影响很大，延长了结构的自振周期，结构的整体刚度变柔，阻尼一般也增大。由此可知，地基在一定程度上集中了建筑结构有效的地震动力响应。

表 8.6　前 10 阶自振周期

振型阶数	刚性地基		土-结构相互作用	
	周期/s	频率/Hz	周期/s	频率/Hz
1	1.8420	0.5428	2.3233	0.4304
2	1.2521	0.7986	2.0098	0.4975
3	0.7211	1.3867	1.5649	0.7362
4	0.4469	2.2374	0.6771	1.4768
5	0.3956	2.5278	0.5966	1.6760
6	0.3618	2.7638	0.5458	1.8320
7	0.2386	4.1897	0.3433	2.9127
8	0.2175	4.5967	0.3104	3.2210
9	0.1968	5.0811	0.2815	3.5513
10	0.1519	6.5814	0.2099	4.7620

通过图 8.6 两种条件下结构前 30 阶振型的周期和频率分析，考虑土-结构相互作用后结构的自振周期变大，自振频率大幅度减小，地震波在土体连续介质中传播，高频部分被逐渐过滤，低频占主导地位。接近结构自振频率的分量增加，一定程度上增加了共振的可能性，这是刚性地基所考虑不全的，所以对地基土体采用刚性地基是不完善的。同时考虑到采空区结构与地基变形和振动的复杂相互作用：土-结构相互作用对煤矿采动损伤建筑物抗震性能的影响不容忽视。上述分析将为结构动力分析提供较好的理论依据。

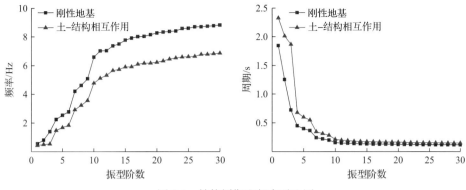

图 8.6　结构周期和频率对比图

　　地震荷载单独作用时，结构以扭转为主，第一自振周期为 1.5649s，平动第一自振周期为 2.3233s，二者之比为 0.6736；煤矿采动与地震耦合作用时，扭转第一自振周期为 1.6674s，平动第一自振周期为 2.4026s，二者之比为 0.6940。由于煤矿采动的影响，增大了结构平面布置的扭转效应，但均满足规范规定的 0.9 限值(表 8.7)。

表 8.7　前 10 阶自振周期

振型阶数	受煤矿采动影响		未受煤矿采动影响	
	周期/s	频率/Hz	周期/s	频率/Hz
1	2.4026	0.4162	2.3233	0.4304
2	2.1413	0.4670	2.0098	0.4975
3	1.6674	0.5997	1.5649	0.7362
4	0.6886	1.4521	0.6771	1.4768
5	0.6087	1.6428	0.5966	1.6760
6	0.6518	1.5342	0.5458	1.8320
7	0.3739	2.6745	0.3433	2.9127
8	0.3122	3.2024	0.3104	3.2210
9	0.2823	3.5422	0.2815	3.5513
10	0.2348	4.2572	0.2099	4.7620

8.4　地震下采动损伤建筑弹塑性响应分析

　　通过时程曲线分析地震下采动损伤建筑的弹塑性响应，《建筑抗震设计规范》(GB 50011—2010)指出，应按建筑场地类别和设计地震分组选用实际强震记录和人工模拟的加速度时程曲线，其中实际强震记录的数量不应少于总数的 2/3。为了研究钢筋混凝土框架结构三种工况［工况一为刚性地基，工况二为地震作用（柔性地基），工况三为采动与地震耦合作用（柔性地基）］，地震作用下建筑结构逐渐从弹性阶段进入塑性阶段最后到破坏阶段的损伤演化过程，本节进行 7 度罕遇地震作用下的时程分析，从结构的长轴方向输入 EL 波、Taft 波、人工地震波研究结构的动力反应特性。图 8.7 为建筑结构分别在三种地震波作用下顶点加速度时程曲线。

　　分析图 8.7 六层混凝土框架结构在 EL 波作用下，对比工况一和工况二可知，地震初期 8s 内，加速度迅速达到峰值，工况一为 5.11m/s^2，较工况二 (3.73m/s^2)，六层混凝土框架结构顶层加速度放大了 1.370 倍。在 8～17s，工况二较为平缓，

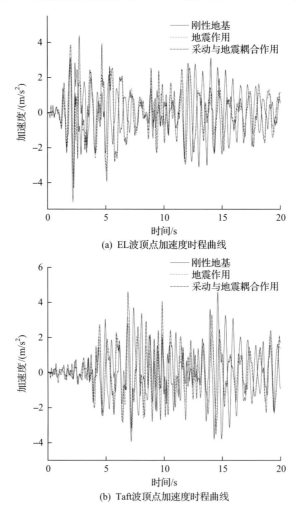

(a) EL波顶点加速度时程曲线

(b) Taft波顶点加速度时程曲线

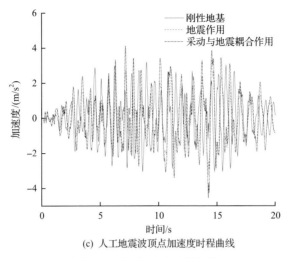

(c) 人工地震波顶点加速度时程曲线

图 8.7　顶点加速度时程曲线

工况一时程曲线逐渐呈放大趋势，工况一放大的速度、增幅明显高于工况二，后续 3s 的衰减趋势快于工况二。以输入的 EL 波为例，与柔性地基相比，在地震初期，刚性地基上的结构主要通过底部结构的损伤演化耗散地震输入能量，结构底部刚度迅速退化，致使结构刚度呈现"上大下小"的不均匀分布，所以在地震中期刚性地基上的结构加速度反应增速和增幅较为剧烈，由于 SSI 效应的存在，相当部分的地震输入能量通过地基变形逸散，柔性地基上的结构动力反应显得较为平缓，与刚性地基相比存在较大差别。Taft 波的计算结果所描述的结构加速度时程曲线规律与 EL 波表现出一致性，在地震中后期，较柔性地基而言，刚性地基上的结构动力响应比较剧烈。反观人工地震波的计算结果，上述规律体现得不突出，而是在一定时间区域内，刚性地基上的结构动力响应略大于柔性地基，但二者的变化趋势大致相同。因此，不能认为柔性地基下的结构动力响应一定比刚性地基时的小，换言之，在建筑结构抗震设计中，忽略 SSI 效应的影响，以刚性地基对结构进行抗震设计，其结果未必安全。

　　比较工况二和工况三，建筑结构在 EL 波、Taft 波、人工地震波作用下顶层加速度时程曲线变化趋势基本一致，存在明显的增幅：不同工况下建筑物在地震作用下，煤矿采动作用对建筑物影响较大，由表 8.8 可知地震作用时的结构加速度峰值分别为 $3.73\mathrm{m/s^2}$、$3.44\mathrm{m/s^2}$、$3.18\mathrm{m/s^2}$，采动与地震耦合作用时的结构加速度峰值为 $4.38\mathrm{m/s^2}$、$4.62\mathrm{m/s^2}$、$4.11\mathrm{m/s^2}$，较地震作用时放大了 1.174 倍、1.343 倍、1.292 倍。煤矿采动对建筑物产生附加应力和附加变形的影响，导致建筑结构刚度退化，在持时地震作用下，加剧了结构的刚度退化，所以在采动与地震耦合作用下，结构的动力响应产生较大差异，这对建筑物的抗震是不利的。

表 8.8　结构顶层加速度峰值(m/s²)

输入地震波	工况一	工况二	工况三
EL 波	5.11	3.73	4.38
Taft 波	4.59	3.44	4.62
人工地震波	3.34	3.18	4.11

分析图 8.8 顶点位移时程曲线，地震初期，柔性地基上的结构顶点位移存在放大的"滞后效应"，刚性地基较为平缓。以 EL 波计算结果为例，前 2s EL 波迅速达到加速度峰值，之后以较为平缓的趋势振动，以刚性地基为基础的结构顶点位移时程曲线几乎延续了这一振动趋势。而柔性地基上的结构顶点位移在加速度峰值点 2s 之后仍在持续增大，一直持续到第 6s 才开始表现出衰减的态势，到第

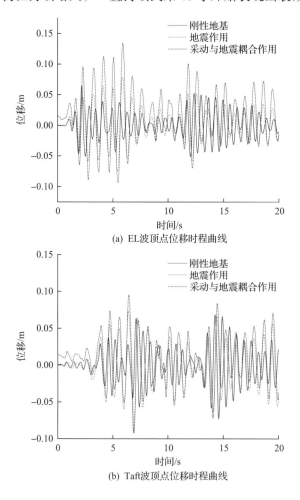

(a) EL波顶点位移时程曲线

(b) Taft波顶点位移时程曲线

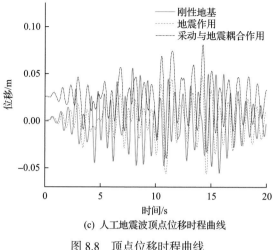

(c) 人工地震波顶点位移时程曲线

图 8.8　顶点位移时程曲线

10s 二者的顶点位移逐渐开始保持一致。与刚性地基相比，柔性地基考虑到 SSI 效应的存在，一方面柔性地基上的结构自振周期大于刚性地基上的结构，结构的整体刚度小于刚性地基上的结构刚度；另一方面地震波在土体传播过程中高频部分被逐渐过滤，低频占主导部分，更接近结构的自振周期，一定程度上增加了共振的可能性。所以柔性基础上的结构顶点位移时程曲线有较为明显的持续放大和持续衰减的"滞后效应"现象。通过 Taft 波的计算结果可以看出，这种"滞后效应"在 4～12s 的时间段开始显现。人工地震波的"滞后效应"主要集中在 10～15s，这种差异主要是由所选地震波的频谱特性不同造成的。综上所述，这种"滞后效应"是刚性地基所不能考虑的，结合采动区土层的特殊性和复杂性，考虑 SSI 效应能够更真实地反映结构在地震作用下的动力响应。

　　对比分析地震作用和采动与地震耦合作用下的结构顶点位移时程曲线图，由于采动的影响增大了结构的顶点位移，并且位移时程曲线普遍朝着建筑物倾斜的方向增幅较大，这是由于采动引起建筑物倾斜，致使建筑物重心位置发生偏移，在水平荷载作用下，极容易形成重力二阶效应，增大结构侧向位移的不利影响。根据表 8.9 讨论 EL 波、Taft 波、人工地震波作用下结构顶点位移峰值，地震作用时顶点位移峰值分别为 0.079m、0.092m、0.057m，采动与地震耦合作用时顶点位移峰值分别为 0.134m、0.095m、0.081m，较地震作用分别放大了 1.696 倍、1.033倍、1.421 倍。对于 EL 波和人工地震波的位移放大倍数，即使上部结构不发生倒塌，但从结构基于性能的抗震设计角度来说，位移过大不仅会影响结构的承载力，而且会引起建筑物稳定性降低。

表 8.9　顶点位移峰值(m)

输入地震波	工况一	工况二	工况三
EL 波	0.064	0.079	0.134
Taft 波	0.073	0.092	0.095
人工地震波	0.055	0.057	0.081

　　分析图 8.9 EL 波作用下结构底部剪应力时程曲线, 刚性地基上的结构底部剪应力在前 2s 就迅速达到了峰值 170kN, 说明刚性地基下的结构率先由弹性阶段进入塑性阶段, 通过构件的塑性损伤耗散地震输入能量, 致使梁端或者柱端过早地

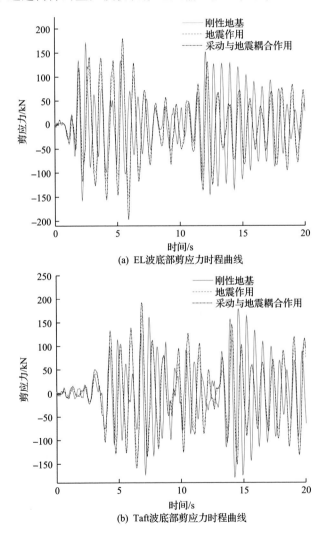

(a) EL波底部剪应力时程曲线

(b) Taft波底部剪应力时程曲线

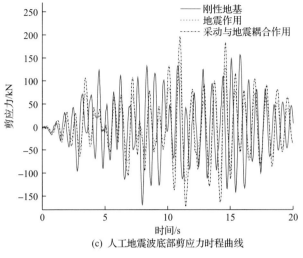

(c) 人工地震波底部剪应力时程曲线

图 8.9　底部剪应力时程曲线

形成塑性区，随着构件内力的持续增加，塑性区进一步演化为塑性铰，即"柱铰机制"或"梁铰机制"，通过塑性铰的转动耗散地震输入能量。在 8～12s 时间段内，二者的变化较为平缓，基本持平。在后续的时间段内，柔性地基上的结构底部剪应力依旧以平稳的趋势变化，而刚性地基上的结构底部剪应力突然增大，后期又迅速减小。对于以剪切变形为主的框架结构，在地震后期剪应力持续增大，极容易使构件端部的塑性铰达到极限承载能力，塑性铰丧失承载力后结构变为机构体系，增加了底部承重结构倒塌的风险。Taft 波计算所得的刚性地基上的结构剪应力时程曲线在 5～7s 迅速增大到峰值 179kN，柔性地基的剪应力峰值增幅比刚性地基减小 7.3%，在 14s 后也表现出底部剪应力突然增大，后期又迅速减小的态势。人工地震波计算的以刚性地基为条件的结果明显大于柔性地基，结合图 8.8、图 8.9 的分析结果，上述计算结果相对安全，但偏于保守，经济上不合理。

　　对比分析地震作用和采动与地震耦合作用下的底部剪应力时程曲线图，由于受采动的影响，上部结构产生一定的附加变形和附加应力，采动与地震耦合作用下的底部剪应力大于地震作用下的剪应力。根据表 8.10 分析 EL 波、Taft 波、人工地震波作用下的底部剪应力峰值，地震作用时的剪应力峰值分别为 153kN、166kN、145kN，采动与地震耦合作用下的剪应力峰值分别为 197kN、192kN、197kN，较地震作用时分别放大了 1.288 倍、1.157 倍、1.359 倍。建筑物底部是重要的承重构件，采动造成的初始损伤会使结构提前形成"柱铰机制"或"梁铰机制"。2008 年汶川震害资料表明[90]：实际框架结构在震害中形成"强梁弱柱"进而倒塌的，极少看到理想的"强柱弱梁"破坏。对于采动区的现行建筑物，一旦发生地震与煤矿采动耦合作用,其破坏程度将更为严重,会造成重大经济损失和人员伤亡;对于采动区拟建建筑物要严格执行《建筑抗震设计规范》(GB 50011—2010),结合抗开采沉陷隔震保护体系理论改进"强梁弱柱"的设计。

表 8.10　底部剪应力峰值(kN)

输入地震波	工况一	工况二	工况三
EL 波	170	153	197
Taft 波	179	166	192
人工地震波	169	145	197

第9章　煤矿采动损伤对建筑物抗震性能的影响分析

9.1　引　　言

如何衡量煤矿采动损伤建筑物抗震性能已经成为一个关键问题，本章将从薄弱层验算和结构易损性分析的角度，分析和研究煤矿采动对建筑物抗震性能的扰动。

9.2　建筑物楼层薄弱层验算

《高层建筑混凝土结构技术规程》(JGJ 3—2010)3.5.8 条文提到：刚度变化不符合第3.5.2 条要求的楼层，一般称作软弱层；承载力变化不符合第3.5.3 条要求的楼层，一般可称作薄弱层。为了方便，该规程把软弱层、薄弱层以及竖向抗侧力构件不连续的楼层统称为结构薄弱层。同时规定：楼层层间弹塑性位移角为相邻楼层的包络位移差与相应层高的比值。框架结构在罕遇地震作用下，经过薄弱层弹塑性变形验算所得到的层间弹塑性位移角满足规范要求的限值[56]，即

$$\frac{\Delta u_{\mathrm{p}}}{h} \leqslant \theta_{\mathrm{p}}，\frac{\Delta u_{\mathrm{p}}}{h} 为层间弹塑性位移角，简称位移角；\theta_{\mathrm{p}} 为规范值。$$

分析图 9.1 可知，煤矿采动损害影响下建筑物的层间弹塑性位移角增大，主要体现在一层、二层、三层。地震作用下一层、二层、三层的层间弹塑性位移角分别为 0.0039、0.0133、0.0183，在未受采动影响前，结构楼层刚度总体呈现"下刚上柔"的分布规律，符合刚度规则性的概念。采动与地震耦合作用下一层、二层、三层的层间弹塑性位移角分别为 0.0103、0.0210、0.0245，较地震作用下增幅分别为 164.7%、57.9%、33.9%，说明受采动影响后，底部结构刚度退化，原有的"下刚上柔"分布规律发生改变。说明煤矿采动作用对建筑物一层的抗震性能的影响最大。地震作用下三层和四层出现一定的变形集中与突变现象，受采动影响，建筑物底部刚度变柔，这种楼层的变形集中与突变主要体现在二层，结构的薄弱层下移，并且采动影响下建筑物二层、三层的层间弹塑性位移角分别为 0.0210、0.0245，均超过了规范值 1/50。

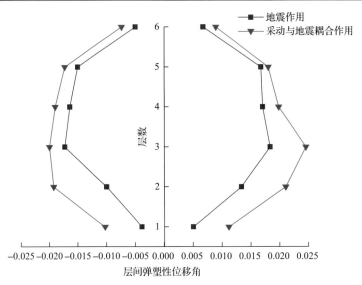

图 9.1 EL 波作用下层间弹塑性位移角

分析 Taft 波作用下的层间弹塑性位移角(图 9.2),较地震作用下的层间弹塑性位移角,采动与地震耦合作用下四层、五层、六层的层间弹塑性位移角变化较小。而底部结构变形突变最大的是二层,采动与地震耦合作用下的层间弹塑性位移角为 0.0249,较地震作用下采动与地震的层间弹塑性位移角 0.0178 增加了39.89%。以六层框架模型为例,说明煤矿采动损伤建筑在地震作用下,对中间层

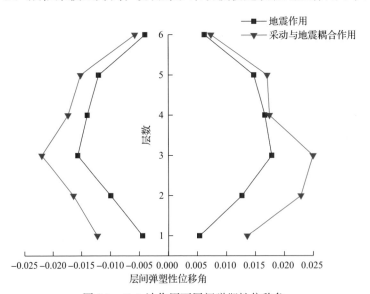

图 9.2 Taft 波作用下层间弹塑性位移角

以上的结构不会产生太大的变形集中,并且采动引起结构的刚度重心下移,所以结构的薄弱层有向下发展的趋势,由第三层演化到第二层,弹塑性变形集中或突变的部位其层间弹塑性位移角超过规范值概率增加。

　　分析人工地震波作用下层间弹塑性位移角计算结果(图 9.3),与上述 EL 波、Taft 波计算结果较为类似。结构的层间弹塑性变形存在着明显的不均匀性。地震单独作用下结构刚度呈现"下刚上柔"的分布规律,集中变形主要发生在三层。采动引起结构底部剪应力增大,加快了底部结构的损伤,致使底部结构刚度退化,结构的整体刚度重心下移,"塑性变形集中"的薄弱层位置由三层演化到二层。

以上三组图的顶层弹塑性位移角均朝着建筑物倾斜方向增大,由 $\dfrac{\Delta u_{\mathrm{p}}}{h}$ 可知,层间位移 Δu_{p} 朝着建筑物倾斜的方向增大。

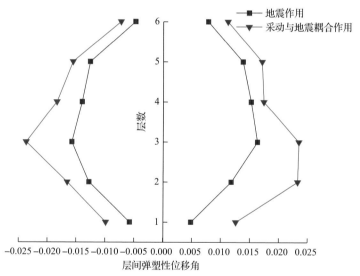

图 9.3　人工地震波作用下层间弹塑性位移角

9.3　地震作用下煤矿采动建筑物的损伤分析

　　煤矿采动引起的沉陷作用导致建筑物局部构件损伤,当地震发生时建筑物的损伤会加剧,由弹性阶段发展为弹塑性损伤阶段。牛荻涛和任利杰[83]改进的双参数地震损伤模型具有计算过程简单、适用性强的特点,适合本节的研究对象。所以选用六层框架模型计算建筑结构的楼层损伤值:

$$D = \frac{X_m}{X_n} + 0.1387 \left(\frac{\varepsilon}{\varepsilon_u} \right)^{0.0814} \tag{9.1}$$

式中：X_m 为结构楼层层间最大位移；X_n 为结构楼层的极限位移；ε 为结构的累积滞回耗能；ε_u 为结构的极限累积滞回耗能；$\dfrac{\varepsilon}{\varepsilon_u}$ 为耗能单独下建筑结构的破坏程度；$\dfrac{X_m}{X_n}$ 为耗能单独下建筑结构的破坏程度；X_m、ε 可以在 ANSYS 分析中求得。

9.3.1　楼层极限位移计算

建筑结构的初始刚度为

$$k_{0i} = \sum_{j=1}^{m} \alpha \frac{12EI_{ij}}{H_i^3} \tag{9.2}$$

式中：E 为建筑物的弹性模量；I_{ij} 为建筑物第 i 层第 j 根柱的截面惯性矩；m 为第 i 层柱子总根数；α 为框架结构梁柱节点的转动影响系数，详细计算见文献 [91]；H_i 为第 i 层的层高。

建筑结构的层间屈服剪应力为

$$f_{yi} = \sum_{j=1}^{m} f_{yij} = \sum_{j=1}^{m} \frac{M_{yij}^{\text{上}} + M_{yij}^{\text{下}}}{h_i} \tag{9.3}$$

式中：f_{yij} 为第 i 层第 j 根柱的屈服剪力；h_i 为柱子的高度；$M_{yij}^{\text{上}}$、$M_{yij}^{\text{下}}$ 为第 i 层第 j 根柱上、下端部屈服弯矩，其详细计算过程如下。

强梁弱柱型：

$$M_{yij} = f_{yk} A_{sij}^{\alpha}(h_0 - \alpha_s') + 0.5 N_G h_c \left(1 - \frac{N_G}{\alpha_1 f_{ck} b_c h_c} \right)$$

强柱弱梁型：

$$M_{yij} = f_{yk} A_{sij}^{\alpha}(h_0 - \alpha_s)$$

式中：f_{yk} 为纵筋强度标准值；A_{sij}^{α} 为受拉钢筋面积；h_0 为有效高度；α_s' 为截面抵抗矩系数；f_{ck} 为混凝土轴心抗拉强度标准值；b_c、h_c 分别为构件截面的高度和宽度；N_G 为轴力；α_1 为系数，按《混凝土结构设计规范》（GB 50010—2010）

第 6.2.6 条计算。

对于强柱弱梁型结构，求得梁端屈服弯矩后，将柱梁端屈服弯矩之和按节点处上、下柱的线刚度之比分配给上、下柱。

屈服位移：

$$x_{yi} = f_{yi} / k_{0i}$$

极限位移：

$$x_{ui} = \mu_i x_{yi}$$

式中：f_{yi} 为第 i 层层间屈服剪应力；x_{yi} 为第 i 层屈服位移；μ_i 为第 i 层的延性系数，可近似取 $\mu_i = \dfrac{1}{m} \sum\limits_{j=1}^{m} \mu_{ij}$，$\mu_{ij}$ 是第 i 层第 j 根柱子的延性系数，计算过程如下（适用于压弯构件配置普通方箍的情况）：

$$\mu = \begin{cases} 0.285\mathrm{Dex} + 3.465\sigma_U = 0.712 & (\mathrm{Dex} \leqslant -3.4) \\ 2.476\mathrm{Dex} + 10.890\sigma_U = 1.622 & (\mathrm{Dex} > -3.4) \end{cases} \tag{9.4}$$

$$\mathrm{Dex} = \ln\left(\frac{\lambda \rho_V f_C}{\rho f_{ye}} \mathrm{e}^{-10n} \right) \tag{9.5}$$

式中：σ_U 为极限应力；$\lambda = H_w / (2h_0)$ 为剪跨比，h_0 为柱子截面有效高度，H_w 为柱的净高，当 $\lambda < 1$ 时，λ 取 1，当 $\lambda > 3$ 时，λ 取 3；ρ 为受拉钢筋配筋率；ρ_V 为体积配箍率；f_C 为混凝土抗压强度；n 为轴压比；f_{ye} 为钢的抗拉强度。

9.3.2　累积滞回耗能反应计算

建筑结构的累积滞回耗能能够反映结构在地震动力持时作用下非线性阶段的塑性累积损伤。将结构第 i 层的滞回环面积累加即可得该层的累积滞回耗能，计算过程如下[91]：

$$\varepsilon_i = \int_{X_{yi}}^{X_{mi}} f_i(t_j)\left[x_i(t_j) - x_i(t_{j-i}) \right] \approx \sum_{j=1} f_i(t_j)\left[x_i(t_j) - x_i(t_{j-i}) \right] \tag{9.6}$$

式中：X_{mi} 和 X_{yi} 分别为第 i 层最大位移和屈服位移；$f_i(t_j)$ 为第 i 层 j 时刻的水平剪应力；$x_i(t_j)$、$x_i(t_{j-i})$ 分别为结构第 i 层 j 时刻和 $j-i$ 时刻的相对位移。

9.3.3　楼层极限滞回耗能计算

楼层的极限滞回耗能是指结构在给定荷载幅值或变形幅值下循环至破坏的累积滞回耗能，具体计算如下[91]：

$$\varepsilon_{\mathrm{U}}(\delta) = E_{\mathrm{C}}(\delta)N_f(\delta) \tag{9.7}$$

式中：ε_{U} 为相应等级混凝土极限退化应变；$E_{\mathrm{C}}(\delta)$ 为变形幅值为 δ 时每个单循环的极限滞回耗能，可表示为

$$E_{\mathrm{C}}(\delta) = \begin{cases} F_{\mathrm{Y}} X_{\mathrm{Y}} \left(0.77\mu - 0.22\right) & (\mu < 1.5) \\ F_{\mathrm{Y}} X_{\mathrm{Y}} \left(f_1(\mu-1) + f_2\right) & (\mu \geqslant 1.5) \end{cases}$$

$$f_1 = 0.5 + 2.34 X_{\mathrm{W}} / X_{\mathrm{Y}}$$

$$f_2 = 0.7 - 1.54 X_{\mathrm{W}} / X_{\mathrm{Y}}$$

其中：X_{W} 为最大位移；X_{Y} 为极限位移；$\mu = \delta / X_{\mathrm{Y}}$，剪切型结构可近似取 $X_{\mathrm{W}} = 0$。$N_f(\delta)$ 为结构在变形幅值 δ 的等幅循环下的循环次数，可近似计算为

$$N_f(\delta) = \left(9.86 / \mu\right)^{6.4} \tag{9.8}$$

本节以最大位移幅值 X_{m} 下循环至破坏的累积滞回耗能作为建筑结构的极限滞回耗能。

9.3.4　建筑结构楼层损伤分析

结合前面的计算分析，可以求得建筑结构的楼层损伤指数，见表 9.1。

表 9.1　楼层损伤指数

楼层	EL 波		Taft 波		人工地震波	
	地震作用	采动与地震耦合作用	地震作用	采动与地震耦合作用	地震作用	采动与地震耦合作用
一层	0.658	0.861	0.676	0.940	0.807	0.933
二层	0.528	0.913	0.768	0.914	0.681	0.917
三层	0.667	0.789	0.539	0.740	0.644	0.784
四层	0.379	0.520	0.615	0.686	0.422	0.545
五层	0.311	0.442	0.325	0.446	0.341	0.450
六层	0.203	0.305	0.293	0.313	0.234	0.340

图 9.4 分别为地震作用和采动与地震耦合作用时，建筑结构在 EL 波、Taft 波和人工地震波作用下的楼层损伤指数对比图。

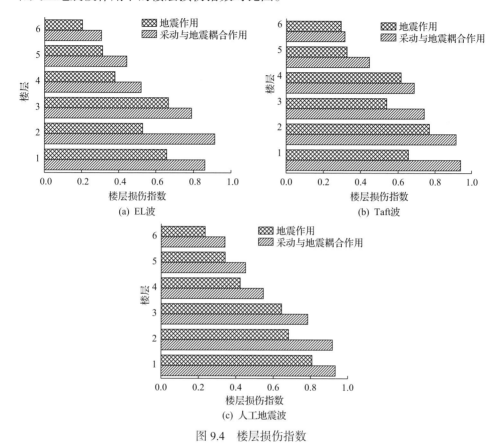

图 9.4　楼层损伤指数

分析建筑结构在 EL 波作用下的楼层损伤变化，在地震作用下，损伤严重的楼层发生在三层，说明该层是主要的塑性变形集中区，为结构的薄弱层，与 9.2 节的薄弱层验算结果较为吻合；结构底部损伤次之，上部楼层影响最小。在采动与地震耦合作用下，第二层与第一层的损伤指数变化最大，分别由地震作用时的 0.528、0.667，变化到 0.913、0.861，理论上由中等破坏演化到倒塌范围，说明采动引起结构的质量中心和刚度中心下移，结构的损伤向底部结构发展，即薄弱层下移，增加了建筑物倒塌的风险，严重削弱了建筑物的抗震性能。分析 Taft 波的计算结果，地震作用下，三层以上的楼层损伤指数 $D<0.65$，均处于中等破坏或轻微破坏，一层、二层的损伤指数分别为 0.676、0.768，可知此时一层、二层处于严重破坏。受采动影响，一层、二层损伤指数分别增加到 0.940、0.914，均大于 0.9，理论上结构处于倒塌范围。分析人工地震波的计算结果，依然表现为与

上述类似的规律，一层、二层损伤最大，说明煤矿采动区建筑物的底层有成为薄弱层的可能，抗震设计中，增大其内力调整系数，保证建筑物的安全性。针对六层框架模型而言，地震作用或者采动与地震耦合作用，对三层以上的楼层影响不是很大，楼层损伤指数处于合理控制范围。采动造成的初始损伤，削弱了结构的刚度，引起结构上下刚度分布不均，呈现"上大下小"的规律，导致结构薄弱层向下发展。底部结构是整个结构的承重部位，《高层建筑混凝土结构技术规程》(JGJ 3—2010)规定底部承重结构应有足够的抗倒塌能力，当地震发生时，底部结构过早地成为机构体系，不利于采动区建筑物抗震。

第10章 采动与地震耦合下建筑物的能量耗散分析

煤矿开采引起岩层与地表移动变形，对建筑物产生附加应力，使建筑物发生先期的次生损伤；在地震作用下，建筑物的先期次生损伤会继续发展演化，进而导致建筑物地震动力响应与普通场地条件下的建筑物地震动力响应差别较大。煤矿采动引起的建筑物损伤是长期缓慢的破坏，地震灾害则是瞬间剧烈的破坏。本章将详细分析煤矿采动与地震耦合作用下建筑物的能量耗散。

10.1 开采沉陷建筑物有限元模型的建立

有限元法是当今工程分析中应用最为广泛的数值计算方法，由于它的通用性和有效性，受到工程界的高度重视。同时，随着计算机技术的快速发展和广泛应用，有限元法也成为求解科学技术问题功能强大的有力工具。一些专业的软件公司研制出了大型通用商业有限元分析软件，如 NASTRAN、ASKA、SAP、ANSYS、MARC、ABAQUS、JIFEX 等[54]。本章研究内容非线性较强，宜使用非线性计算能力较强的 ABAQUS 软件进行模拟分析。

本章主要进行建筑物分别在采动损伤作用、地震作用以及采动与地震耦合作用下的能量分析，采动损伤作用是地下煤矿整个开采期间以及开采后的一个长期近似于静力作用过程，而地震作用是一个突然发生短期的动力作用过程，结合 ABAQUS 软件中的 ABAQUS/Standard 模块和 ABAQUS/Explicit 模块的主要功能与区别，故在本章数值模拟中，运用 ABAQUS/Standard 模块进行建筑物在采动损伤作用下的模拟，运用 ABAQSU/Explicit 模块进行建筑物在地震作用下的模拟。

根据工程概况，采用分离式方法在 ABAQUS 软件的 ABAQUS/CAE 模块中建立计算模型，根据研究内容选择合适的混凝土本构模型和钢筋本构模型。

本章选择的计算模型为东北某矿区的一栋五层三榀两跨钢筋混凝土框架办公楼，该矿区抗震设防烈度为 7 度，场地类型为 II 类。办公楼首层层高为 3.6m，二至五层的层高为 3m，办公楼的首层平面图如图 10.1 所示，构件尺寸及配筋面积见表 10.1。

钢筋混凝土框架办公楼的有限元模型如图 10.2 所示，梁柱中的混凝土和钢筋分别采用实体 C3D8R 单元和桁架 T3D2R 单元，梁柱整体采用分离式建模，并用 EMBED 技术进行自由度耦合；楼板采用壳单元模拟，采用 REBAR 技术进行楼板配筋。

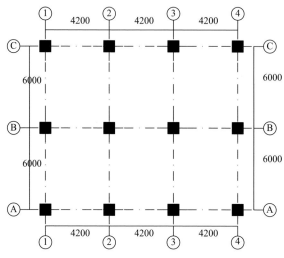

图 10.1　首层平面图(mm)

表 10.1　办公楼框架结构构件

构件	尺寸/mm²	混凝土型号	弹性模量/GPa	配筋型号	配筋面积/mm²
中柱	600×600	C30	30	HRB335	1256
边柱	600×600	C30	30	HRB335	1017
中梁	300×600	C30	30	HRB335	2383
边梁	300×600	C30	30	HRB335	2768
板厚	120	C30	30	HRB335	8@150

图 10.2　办公楼有限元模型

本章中办公楼框架模型中混凝土材料为 C30 强度混凝土，其拉伸、压缩应力应变关系及损伤因子与塑性应变的关系如图 10.3 所示。

本章中钢筋材料的本构模型选用标准金属塑性模型[92]。钢筋材料的屈服采用 Mises 屈服准则，也就是说当钢筋材料中的一点强度达到八面体剪切力的临界值时钢筋材料屈服，用应力偏量的第二不变量表示为

$$f(J_2) = J_2 - f^2 = 0 \tag{10.1}$$

式中：f^2 为钢筋的抗剪刚度。

采用各向同性弹塑性对钢筋材料模型做如下增量形式的描述：

$$\left(1 + \frac{3G}{q}\Delta\bar{e}^{\mathrm{pl}}\right)\mathbf{S} = 2G(e^{\mathrm{el}}\big| + \Delta e) \tag{10.2}$$

式中：G 为剪切弹性模量；$\mathbf{S}$ 为应力偏向量；q 为 Mises 等效有效应力；e 为应变偏向量。

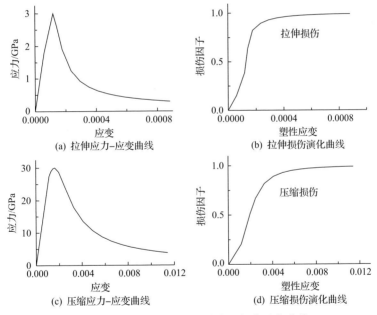

图 10.3　混凝土应力-应变曲线及损伤演化曲线

地震波的选取对建筑物弹塑性时程分析影响非常大。

本章研究采动与地震耦合作用下建筑物系统内的能量演化，所以对地震波的持续时间要求比较长，根据建筑物的自振周期及开采沉陷现状，本章选取了持续时间为 30s 的两条典型实际强震记录 KOBE 波和 Taft 波以及一条人工地震波，并对其进行幅值修正，如图 10.4～图 10.6 所示。

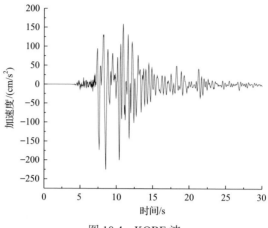

图 10.4　KOBE 波

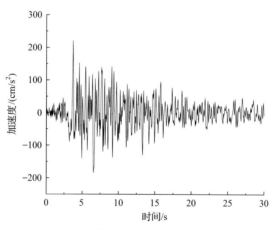

图 10.5　Taft 波

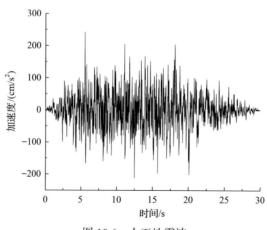

图 10.6　人工地震波

10.2 考虑采动和地震的建筑物能量耗散分析

利用 ABAQUS 软件模拟开采沉陷建筑物发生 2mm/m、4mm/m、6mm/m 三种不同程度的倾斜，并分析三种工况下建筑物系统的能量演化。

10.2.1 开采沉陷工况

实际上地下煤炭开采引起的地表变形是一个动态过程，且变形情况相当复杂，建筑物在开采沉陷作用下会发生下沉、倾斜、曲率、水平等变形，很难精确模拟，本章仅选用开采沉陷中比较常见的倾斜变形进行分析，设置 2mm/m、4mm/m、6mm/m 三种不同倾斜程度的荷载工况，采用有限元模型加载方式，利用位移控制模式，以建筑物柱底发生不同程度的竖向位移进行加载，为了尽量接近实际情况，设置 30 个分析步进行加载，见表 10.2。

表 10.2 开采沉陷工况

工况	倾斜/(mm/m)	下沉值/m		
		A 排柱	B 排柱	C 排柱
一	2	0.01	0.022	0.034
二	4	0.02	0.044	0.068
三	6	0.03	0.066	0.102

10.2.2 开采沉陷作用下建筑物输入能量和弹性存储能量演化分析

图 10.7 为在不同开采沉陷作用下建筑物输入能量的变化规律。工况一作用下，开采沉陷作用下建筑物的输入能量平缓增加；工况二作用下，输入能量呈线性增加，在 18 分析步和 24 分析步有较小波动；工况三，输入能量呈线性增加，在 12 分析步和 14 分析步有较小波动，较工况二提前。图 10.7 中曲线变化表明建筑物在随着开采沉陷倾斜的等差比例增大(即倾斜的增大)，开采沉陷作用输入建筑物的能量按等差比例明显增大。

图 10.8 为在不同开采沉陷作用下建筑物弹性存储能量的变化规律。工况一作用下，建筑物弹性存储能量平缓增加，与图 10.7 中工况一作用下建筑物输入能量变化趋势相同，说明工况一作用下，建筑物的输入能量以弹性存储能量的形式存储在建筑物系统中；工况二作用下，建筑物弹性存储能量在 0～18 分析步急剧增加，在 18～25 分析步出现波动，之后趋于平缓，说明煤矿开采初期，未充分采动前建筑物能量变化大，此时建筑物可能破坏较大，与实际煤矿采动损害基本

吻合；工况三作用下，建筑物弹性存储能量变化趋势前期增加趋势较工况二急剧，但整体变化趋势与工况二相似，后期弹性存储能量与工况二趋于一致。工况二和工况三作用后期，建筑物弹性存储能量变化趋势趋于平缓，且弹性存储能量趋于一致，表明在开采沉陷作用下，随着输入能量的增加，建筑物弹性存储能量达到一定范围时将不再增加，建筑物通过某种方式将一部分能量传递到外界，即建筑物通过与外界的能量交换来维持建筑物的稳定，当建筑物的某一参量突破阈值时，建筑物将倒塌破坏。

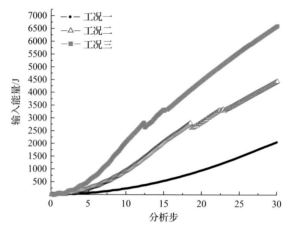

图 10.7　开采沉陷工况下建筑物输入能量

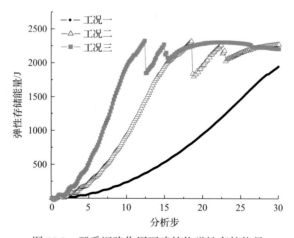

图 10.8　开采沉陷作用下建筑物弹性存储能量

图 10.9 为在不同开采沉陷作用下建筑物弹性存储能量与输入能量比值的变化规律。工况一作用下，比值在后期产生较小下降，下降到 0.95，说明当沉陷作用达到一定程度时，建筑物与外界发生能量交换，开采沉陷对建筑物的损害作用

开始呈现；工况二作用下，比值从 13 分析步开始下降，最低下降到 0.51；工况三作用下，比值从 8 分析步开始下降，最低下降到 0.33。表明建筑物在不同开采沉陷作用下，随着开采沉陷作用的增大，建筑物弹性存储能量占输入能量的比例降低。

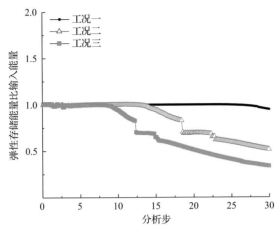

图 10.9　不同开采沉陷作用下建筑物弹性存储能量比输入能量

综合以上分析，建筑物在不同开采沉陷作用下，随着开采沉陷作用的线性增大建筑物输入能量线性增加，但建筑物弹性存储能量增加到一定范围时将不再增加，弹性存储能量占输入能量的比值分别降低到 0.95、0.51、0.33。表明当开采沉陷作用较小时，建筑物输入能量转化为弹性存储能量，但当开采沉陷作用增大到一定程度时，输入能量超过某一阈值时(建筑物进入塑性变形及损伤阶段)，建筑物将通过某一方式(塑性变形或损伤)将一部分能量传递到外界。

10.2.3　开采沉陷作用下建筑物耗散能量演化分析

1. 开采沉陷作用下建筑物损伤耗散能量演化分析

图 10.10 为不同开采沉陷作用下建筑物损伤耗散能量分布。工况一作用下，损伤耗散能量分布在首层柱上，且较为分散，能量很低，说明此时开采沉陷变形改变了建筑物的重心产生了一定的扭转效应，引起建筑物发生一定程度的损伤，与外界发生了能量交换；工况二作用下，损伤耗散能量集中分布在首层的梁柱节点处；工况三作用下，损伤耗散能量集中分布在首层的梁柱节点处。综合分析以上现象，说明框架结构建筑物在开采沉陷作用下，建筑物发生倾斜，改变了建筑物的重心，使建筑物发生扭转产生附加弯矩，建筑物底部的弯矩最大，因此建筑物首层发生损伤，产生损伤耗散能量；框架结构的梁柱节点处容易附加应力集中，因此，随着开采沉陷作用的增大，损伤耗散能量向首层梁柱节点处集中。

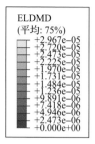

ODB: Job-c-1, odb Abaqus/Explicit 6.10-1 Tue Apr 29 16:20:56 GMT+08:00 2014

分析步: Step-2
Increment 427627: Step Time= 30.00
主变量: ELDMD
变形变量: U 变形缩放系数: +5.827e+01

(a) 工况一

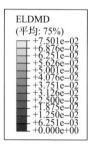

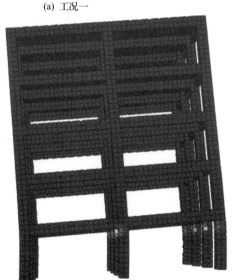

ODB: Job-c-2, odb Abaqus/Explicit 6.10-1 Wed Apr 30 09:56:03 GMT+08:00 2014

分析步: Step-2
Increment 427627: Step Time= 30.00
主变量: ELDMD
变形变量: U 变形缩放系数: +2.975e+01

(b) 工况二

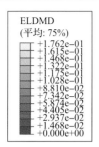
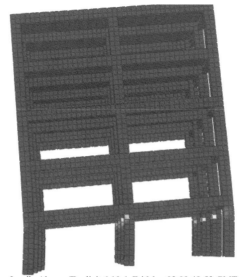

ODB: Job-c-3, odb Abaqus/Explicit 6.10-1 Fri May 02 09:49:53 GMT+08:00 2014

分析步: Step-2
Increment 427627: Step Time= 30.00
主变量: ELDMD
变形变量: U 变形缩放系数: +1.993e+01

扫码见图

(c) 工况三

图 10.10　不同开采沉陷作用下建筑物损伤耗散能量图

图 10.11 为不同开采沉陷作用下建筑物损伤耗散能量变化规律。工况一作用下，损伤耗散能量几乎为零，产生的损伤耗散能量相当小；工况二作用下，损伤耗散能量在 18 分析步后呈线性急剧增加，产生的损伤耗散能量达到 1.3J；工况三作用下，损伤耗散能量在 12 分析步后呈线性急剧增加，产生的损伤耗散能量达到 3.8J。以上现象表明，当开采沉陷作用达到某一程度时，建筑物将产生损伤

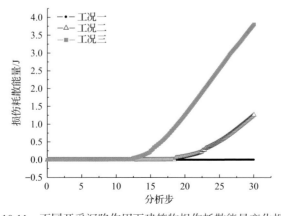

图 10.11　不同开采沉陷作用下建筑物损伤耗散能量变化规律

耗散能量，且随着开采沉陷的继续作用，损伤耗散能量急剧增加；建筑物产生的损伤耗散能量随着开采沉陷作用的增大而急剧增大。结合图 10.11 综合分析表明，建筑物在开采沉陷作用下产生的损伤耗散能量主要集中分布在首层，且随着开采沉陷作用的增大损伤耗散能量急剧增大，且向首层梁柱节点集中。说明建筑物在开采沉陷作用下，主要在首层产生损伤，且随着开采沉陷作用的增大，损伤急剧增大并向首层梁柱节点集中，对建筑的破坏作用急剧增大。

2. 开采沉陷作用下建筑物塑性耗散能量演化分析

图 10.12 为不同开采沉陷作用下建筑物塑性耗散能量分布。工况一作用下，塑性耗散能量主要分布在左侧梁柱节点附近；工况二作用下，塑性耗散能量主要分布在首层梁柱节点处；工况三作用下，塑性耗散能量主要分布在首层梁柱节点处。综合以上现象分析，说明框架结构建筑物在开采沉陷作用下，建筑物发生倾斜，改变了建筑物的重心，使建筑物发生扭转产生附加弯矩，建筑物底部的弯矩最大，因此建筑物首层发生损伤，产生塑性耗散能量；框架结构的梁柱节点处容易附加应力集中，因此，塑性耗散能量主要集中在首层梁柱节点处。

图 10.13 为建筑物不同开采沉陷作用下塑性耗散能量变化规律。工况一作用下，建筑物在开采沉陷作用后期产生很少的塑性耗散能量；工况二作用下，建筑

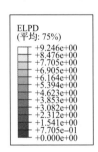

ELPD
(平均: 75%)

+9.246e+00
+8.476e+00
+7.705e+00
+6.905e+00
+6.164e+00
+5.394e+00
+4.623e+00
+3.853e+00
+3.082e+00
+2.312e+00
+1.541e+00
+7.705e-01
+0.000e+00

ODB: Job-c-1.odb Abaqus/Explicit 6.10-1 Tue Apr 29 16:20:56 GMT+08:00 2014

分析步: Step-2
Increment　427627: Step Time=　30.00
主变量: ELPD
变形变量: U 变形缩放系数: +5.827e+01

(a) 工况一

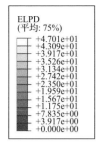
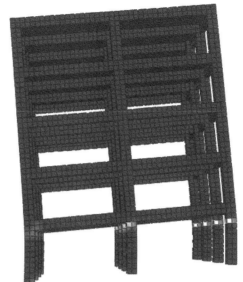

ODB: Job-c-2.odb　Abaqus/Explicit 6.10-1　Wed Apr 30 09:56:03 GMT+08:00 2014

分析步: Step-2
Increment　427627: Step Time=　30.00
主变量: ELPD
变形变量: U　变形缩放系数: +2.975e+01

(b) 工况二

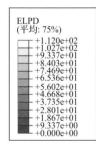
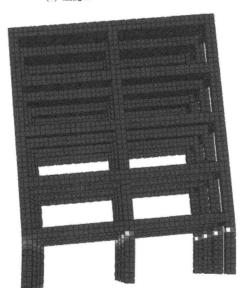

ODB: Job-c-3.odb　Abaqus/Explicit 6.10-1　Fri May 02 09:49:53 GMT+08:00 2014

分析步: Step-2
Increment　427627: Step Time=　30.00
主变量: ELPD
变形变量: U　变形缩放系数: +1.993e+01

(c) 工况三

扫码见图

图 10.12　不同开采沉陷作用下建筑物塑性耗散能量

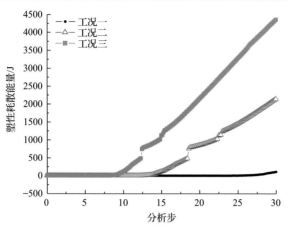

图 10.13　不同开采沉陷作用下建筑物塑性耗散能量变化规律

物在 13 分析步后产生塑性耗散能量，且急剧增加；工况三作用下，建筑物在 8 分析步后产生塑性耗散能量，且急剧增加。以上现象表明，当开采沉陷作用达到某一程度时，建筑物将产生塑性耗散能量，随着开采沉陷的继续作用，塑性耗散能量急剧增加。结合图 10.12 综合分析，建筑物在开采沉陷作用下产生的塑性耗散能量主要分布在首层梁柱节点处，且随着开采沉陷作用的增大，产生的塑性耗散能量急剧增加，说明建筑物在开采沉陷作用下，主要在首层梁柱节点处产生不可恢复的塑性变形，且随着开采沉陷作用的增大，产生的塑性变形增大，对建筑物的不利影响也增大。

10.3　采动与地震耦合作用下建筑物输入能量演化分析

　　本章选取的 KOBE 波、Taft 波、人工地震波经过调整，地震波的加速度峰值和持续时间相同，但是地震波的加速度变化规律各有不同，KOBE 波开始的 5s 时间内，地震波加速度基本趋于零，在 5s 以后地震动开始增强，7~15s 为强震阶段，15s 以后地震动开始明显衰弱；Taft 波的强震阶段为 3~15s，且强震后的衰弱较 KOBE 波不明显；人工地震波加速度变化比较规律，强震阶段为 3~23s，持续时间最长。

　　图 10.14 为建筑物在地震作用下及采动与地震耦合作用下输入能量变化规律。由于地震波的不同，输入能量的曲线变化有所不同，但总体现象是，在开采沉陷作用下，建筑物在受到地震作用时，输入能量有所增加。结合图 10.15 建筑物输入能量的统计，KOBE 波作用时，输入能量增加了 3.1%；Taft 波作用时，输入能量增加了 2.0%；人工地震波作用时，输入能量增加了 1.3%。现象表明，在开采沉陷作用下，建筑物受地震作用时的输入能量有所增加，建筑物受到的外荷

载作用影响增大，即开采沉陷作用增大了地震灾害荷载的破坏作用。

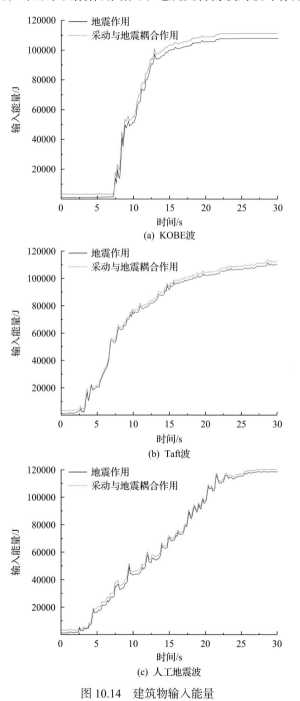

图 10.14　建筑物输入能量

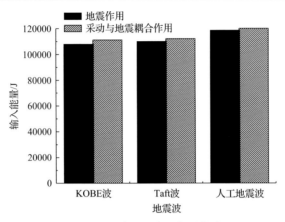

图 10.15　建筑物输入能量统计

10.4　采动与地震耦合作用下建筑物耗散能量演化分析

图 10.16 为在地震作用下及采动与地震耦合作用下建筑物塑性耗散能量变化规律。由于地震波加速度变化规律的不同，塑性耗散能量的曲线变化有所不同，但总体现象是，在开采沉陷作用下，建筑物在受到地震作用时，塑性耗散能量有所增加。结合图 10.17 建筑物塑性耗散能量的统计，KOBE 波作用时，塑性耗散能量增加了 3.4%；Taft 波作用时，塑性耗散能量增加了 2.0%；人工地震波作用时，塑性耗散能量增加了 0.9%。现象表明：在开采沉陷作用下，建筑物受地震作用时产生的塑性耗散能量有所增加，即建筑物在采动与地震耦合作用下产生的塑性耗散能量不是两种单独作用下产生的塑性耗散能量的叠加，且开采沉陷输入能量以弹性存储量的形式存在于建筑物的局部系统中，在地震作用下会促使建

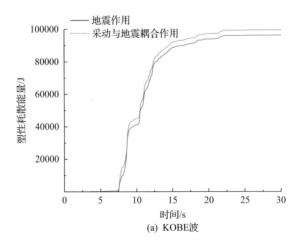

(a) KOBE波

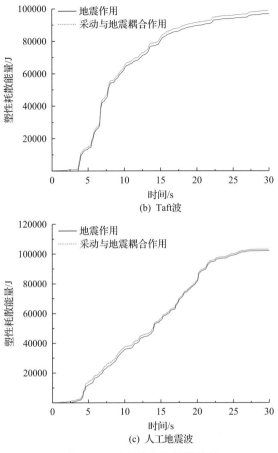

(b) Taft波

(c) 人工地震波

图 10.16　建筑物塑性耗散能量

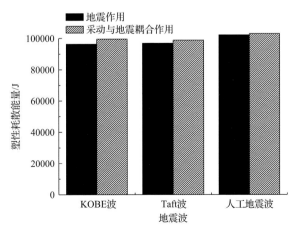

图 10.17　建筑物塑性耗散能量统计

筑物系统中塑性耗散能量的增加,说明开采沉陷作用会促使建筑物在地震作用下产生塑性变形增大,增大了结构的不可恢复变形,导致结构更加危险。

图 10.18 为在地震作用下及采动与地震耦合作用下建筑物损伤耗散能量变化规律。由于地震波加速度变化规律的不同,损伤耗散能量的曲线变化有所不同,但总体现象是,在开采沉陷作用影响下,建筑物在受到地震作用时,损伤耗散能量有所增加。结合图 10.19 建筑物损伤耗散能量的统计,KOBE 波作用时,损伤耗散能量增加了 1.6%;Taft 波作用时,损伤耗散能量增加了 5.6%;人工地震波作用时,损伤耗散能量增加了 6.6%。现象表明:在开采沉陷作用影响下,建筑物受地震作用时产生的损伤耗散能量有所增加,且开采沉陷输入能量以弹性存储能量的形式存在于建筑物的局部系统中,在地震作用时会促使建筑物系统中损伤耗散能量增加,增加建筑物系统发生涨落的概率(即建筑物倒塌的概率)。说明开采沉陷作用会促使建筑物在地震作用下产生损伤增多,即对结构的破坏增大。

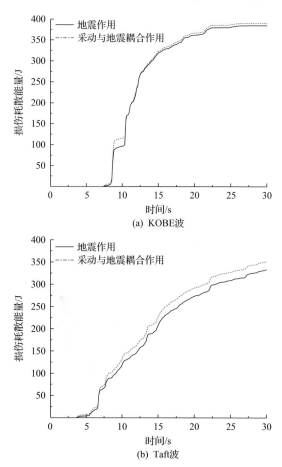

(a) KOBE波

(b) Taft波

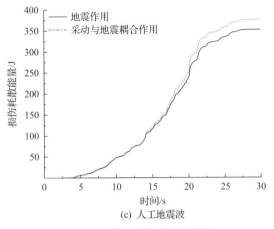

(c) 人工地震波

图 10.18　建筑物损伤耗散能量

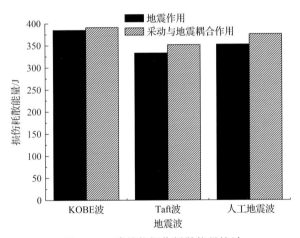

图 10.19　建筑物损伤耗散能量统计

图 10.20 为在地震作用下及采动与地震耦合作用下建筑物阻尼耗散能量变化规律。由于地震波加速度变化规律的不同，阻尼耗散能量的曲线变化有所不同，但总体现象是，在开采沉陷作用影响下，建筑物在受到地震作用时，阻尼耗散能量有所减少。结合图 10.21 建筑物阻尼耗散能量的统计，KOBE 波作用时，阻尼耗散能量减少了 2.5%；Taft 波作用时，阻尼耗散能量减少了 1.3%；人工地震波作用时，阻尼耗散能量减少了 1.9%。现象表明：在开采沉陷作用下，建筑物受地震作用时产生的阻尼耗散能量有所减少，不利于建筑物通过阻尼耗能减小地震对建筑物的破坏作用。

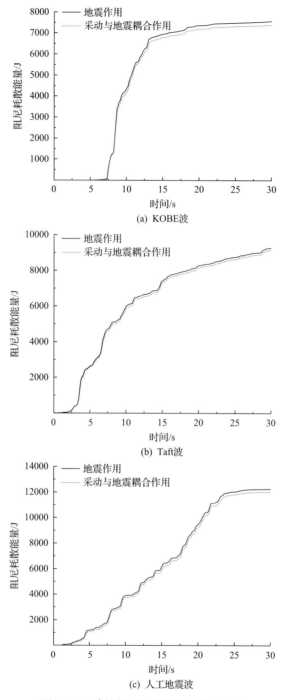

图 10.20　建筑物阻尼耗散能量变化规律

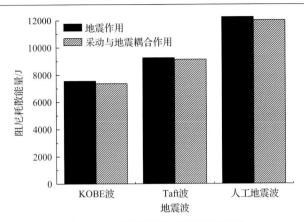

图 10.21　建筑物阻尼耗散能量统计

　　综合以上研究结果，在开采沉陷作用下，地震发生时输入建筑物的能量有所增加，说明煤矿采空区严重加剧了地震灾害荷载的破坏性；在开采沉陷作用下，地震发生时建筑物产生的塑性耗散能量和损伤耗散能量增加，建筑物产生更多的不可恢复变形和损伤，增大了建筑物倒塌的概率，结构阻尼耗散能量减少，降低建筑物的抗震性能。为了保证建筑物的安全，应减少系统中对建筑物不利的塑性耗散能量和损伤耗散能量，增加对建筑物有利的阻尼耗散能量，因此应对煤矿采动建筑物建立合适的抗开采沉陷变形隔震保护新体系。

参 考 文 献

[1] 欧阳新年. 资源与环境约束下中国煤炭产业集约化发展研究[D]. 北京: 中国地质大学(北京), 2007.

[2] 张米尔. 市场化进程中的资源型城市产业转型[M]. 北京: 机械工业出版社, 2005.

[3] 余敬. 矿产资源可持续力评估[M]. 武汉: 中国地质大学出版社, 2004.

[4] 龙口煤电有限公司, 中国矿业大学. 龙口矿区地表移动观测资料综合分析与研究报告[R]. S.L.: s.n., 2004.

[5] 中国矿业大学, 兖州矿业集团. 兖州矿区地表沉陷规律研究报告[R]. S.L.: s.n., 2000.

[6] 王同孝, 朱建国. 矿区沉陷与土地复垦[J], 矿山测量, 1999(3): 33-35.

[7] 王金庄, 郭增长. 我国村庄下采煤的回顾与展望[J]. 中国煤炭, 2002, 28(5): 28-32.

[8] 连达军, 汪云甲, 汪应宏. "三下"煤炭资源回收难易程度的权重分析-模糊综合评价研究[J]. 矿业研究与开发, 2002, 22(5): 8-11.

[9] 隋旺华. 开采沉陷土体变形工程地质研究[M]. 徐州: 中国矿业大学出版社, 1999.

[10] 方创琳, 毛汉英. 兖滕两淮地区采煤塌陷地的动态演变规律与综合整治[J]. 地理学报, 1998, 53(1): 24-31.

[11] 高峰. 采空区地基沉降对多层砌体结构房屋影响的研究[D]. 青岛: 山东科技大学, 2008.

[12] 段敬民. 矿山塌陷区房屋抗采动理论及加固技术研究[D]. 成都: 西南交通大学, 2005.

[13] 林皋. 地下结构抗震分析综述(上)[J]. 世界地震工程, 1990(2): 1-10.

[14] 孙钧, 侯学渊. 地下结构[M]. 北京: 科学出版社, 1987.

[15] 于翔, 陈启亮, 赵跃堂, 等. 地下结构抗震研究方法及其现状[J]. 解放军理工大学学报(自然科学版), 2000(5): 63-69.

[16] 刘晶波, 李彬. 地铁地下结构抗震分析及设计中的几个关键问题[J]. 土木工程学报, 2006(6): 106-110.

[17] 廖振鹏. 工程波动理论导论[M]. 2版. 北京: 科学出版社, 2002.

[18] 李建波. 结构-地基动力相互作用的时域数值分析方法研究[D]. 大连: 大连理工大学, 2005.

[19] 陶明星. 土-地下结构动力相互作用有限元分析[D]. 西安: 西北工业大学, 2004.

[20] 李培河. 地震作用下土-地下结构动力响应的若干影响因素研究[D]. 北京: 北京建筑大学, 2014.

[21] 张冬茵. LS-DYNA在土-结构动力相互作用中的应用[D]. 哈尔滨: 中国地震局工程力学研究所, 2004.

[22] 李彬. 地铁地下结构抗震理论分析与应用研究[D]. 北京: 清华大学, 2005.

[23] 仲继寿. 采动区砌体结构房屋变形控制设计[M]. 北京: 煤炭工业出版社, 1995.

[24] 高俊明. 采动区可调整建筑物基础结构设计与抗变形机理分析[D]. 阜新: 辽宁工程技术大学, 2008.

[25] 牛宗涛. 采动区建筑物变形特性研究与工程应用[D]. 西安: 西安科技大学, 2008.

[26] 何国清, 杨伦, 凌赓娣, 等. 矿山开采沉陷学[M]. 徐州: 中国矿业大学出版社, 1991.

[27] 于广云. 采动区大变形扰动土物理力学性质演变及工程响应研究[D]. 徐州: 中国矿业大学, 2009.

[28] 谭勇强. 采动区地表曲率变形与砌体建筑的地基与基础[J]. 煤炭科学技术, 2003, 31(11): 24-26.

[29] 刘美平. 断层附近地应力分布规律及巷道稳定性分析[D]. 青岛山东科技大学, 2009.

[30] 陈新明, 李楠, 刘一新, 等. 古汉山矿软岩巷道破坏原因及其修复[J]. 煤炭科学技术, 2004(5): 32-33.

[31] 吕梦蛟. 受贯通裂隙控制岩体巷道稳定性试验研究[J]. 煤, 2004, (3): 9-12.

[32] Hoke E. Reliability of Hoke-Brown estimates of rock mass properties and their impact on design. International Journal of Rock Mechanics and Mining Sciences, 1998, 35(1): 63-68.

[33] 刘若庄, 马本堃. 非平衡系统中的自组织现象—— "耗散结构" 的理论与应用简介[J]. 物理, 1979(5): 449-455.

[34] 段晓静. 耗散结构理论及其广泛应用[J]. 乐山师范学院学报, 2003(4): 69-72.

[35] 沈小峰, 胡岗, 姜璐. 耗散结构理论的建立[J]. 自然辩证法研究, 1986(6): 47-51.

[36] 宋培玉, 谢能刚. 评价结构抗震动稳定性的能量测度[J]. 安徽工业大学学报, 2002, 19(2): 99-101.

[37] 杨鑫. 基于耗散结构理论的建筑企业演化及其评价研究[D]. 西安: 西安建筑科技大学, 2012.

[38] 刘迅. "新三论" 介绍——一、耗散结构理论及其应用[J]. 经济理论与经济管理, 1986(3): 75-76.

[39] 马科. 基于管理熵和耗散结构理论的企业组织再造研究[D]. 哈尔滨: 哈尔滨理工大学, 2005.

[40] 伊·普里戈金, 伊·斯唐热. 从混沌到有序[M]. 曾庆宏, 沈小峰, 译. 上海: 上海译文出版社, 1987.

[41] 池英剑. 浅谈耗散结构理论的应用和科学价值[J]. 三明高等专科学校学报, 2002(2): 104-108.

[42] 谢和平, 彭润东, 鞠杨. 岩石变形破坏过程中的能量耗散分析[J]. 岩石力学与工程学报, 2004, 23(21): 3565-3570.

[43] 韩素平, 尹志宏, 靳钟铭, 等. 耗散结构理论在岩石类材料变形系统中的初探[J]. 太原理工大学学报, 2006(3): 70-73.

[44] 王艺霖, 张辉. 引入耗散结构理论思想的混凝土结构损伤问题分析与处理新思路[J]. 混凝土, 2008(12): 25-27, 33.

[45] 游鹏飞, 牟瑞芳. 基于改进耗散结构理论的地铁隧道塌方演化过程分析[J]. 安全与环境学报, 2012(6): 172-175.

[46] 陆新征, 叶列平, 廖志伟, 等. 建筑抗震弹塑性分析——原理、模型与在 ABAQUS, MSC, MARC 和 SAP2000 上的实践[M]. 北京: 中国建筑工业出版社, 2009.

[47] 陈国兴. 岩土地震工程学[M]. 北京: 科学出版社, 2007.

[48] 常虹, 夏军武, 孔伟, 等. 采动区扰动土-结构界面剪切特性的试验研究[J]. 中国矿业大学学报, 2013, 42(4): 535-539.

[49] 李想. 采动变形作用下建筑物基础与地基相互力学作用[D]. 焦作: 河南理工大学, 2011.

[50] 杨刚, 周国铨, 崔继宪. 抗变形建筑物滑动层的作用与墙体有限元应力分析[J]. 矿山测量, 1987(4): 31-36, 61.

[51] 邓喀中, 郭广礼, 谭志祥. 采动区建筑物地基、基础协同作用特性研究[J]. 煤炭学报, 2001, 26(6): 601-605.

[52] 谭志祥, 邓喀中. 采动区建筑物地基、基础和结构协同作用模型[J]. 中国矿业大学学报, 2004, 33(3): 30-33.

[53] 谭志祥, 邓喀中. 采动区建筑物附加地基反力变化规律研究[J]. 煤炭学报, 2007, 32(9): 907-911.

[54] 王勖成. 有限单元法[M]. 北京: 清华大学出版社, 2003.

[55] 江丙云, 孔祥宏, 罗元元. ABAQUS 工程实例详解[M]. 北京: 人民邮电出版社, 2014.

[56] 沈聚敏, 周锡元, 高小旺, 等. 抗震工程学[M]. 北京: 中国建筑工业出版社, 2000.

[57] 庄苗译. 连续体和结构的非线性有限元[M]. 北京: 清华大学出版社, 2003.

[58] 克拉夫 R, 彭津 J. 结构动力学[M]. 2 版. 王光远, 等, 译. 北京: 高等教育出版社, 2006.

[59] 赵宝友, 马震岳, 丁秀丽. 不同地震动输入方向下的大型地下岩体洞室群地震反应分析[J]. 岩石力学与工程学报, 2010, 29(S1): 3395-3402.

[60] Menetrey P H, Willam K J. Triaxial failure criterion for concrete and its generalization[J]. Aci Structural Journal, 92(3): 311-318.

[61] 赵春风, 杨砚宗, 张常光, 等. 考虑中主应力的常用破坏准则适用性研究[J]. 岩石力学与工程学报, 2011, 30(2): 327-334.

[62] 彭潇. 基于土-结构动力相互作用的多高层结构地震反应分析方法研究[D]. 长沙: 湖南大学, 2006.

[63] 张劲, 王庆扬, 胡守营, 等. ABAQUS 混凝土损伤塑性模型参数验证[J]. 建筑结构, 2008, 38(8): 127-130.

[64] 廖振鹏, 刘晶波. 波动的有限元模拟——基本问题和基本研究方法[J]. 地震工程与工程振动, 1989(4): 1-14.

[65] 廖振鹏. 近场波动的数值模拟[J]. 力学进展, 1997(2): 50-71.

[66] 廖振鹏, 周正华, 张艳红. 波动数值模拟中透射边界的稳定实现[J]. 地球物理学报, 2002(4): 533-545.

[67] 邢浩洁, 李小军, 刘爱文, 等. 波动数值模拟中的外推型人工边界条件[J]. 力学学报 2021(5): 1480-1495.

[68] 赵密. 近场波动有限元模拟的应力型时域人工边界条件及其应用[D]. 北京: 北京工业大学, 2009.

[69] 李述涛, 刘晶波, 宝鑫, 等. 采用粘弹性人工边界单元时显式算法稳定性分析[J]. 工程力学, 2020, 37(11): 1-11, 46.

[70] 李述涛, 刘晶波, 宝鑫. 采用黏弹性人工边界单元时显式算法稳定性的改善研究[J]. 力学学报, 2020, 52(6): 1838-1849.

[71] 毛和光. 基于粘弹性人工边界的综合管廊抗震支架性能分析[J]. 公路交通科技(应用技术版), 2020, 16(8): 214-217.

[72] 杜修力, 李立云. 饱和多孔介质近场波动分析的一种黏弹性人工边界[J]. 地球物理学报, 2008, 51(2): 575-581.

[73] 刘晶波, 谭辉, 宝鑫, 等. 土-结构动力相互作用分析中基于人工边界子结构的地震波动输入方法[J]. 力学学报, 2018, 50(1): 32-43.

[74] 胡汛训. 地震动输入及动力人工边界的数值模拟方法研究[D]. 南京: 河海大学, 2007.

[75] 师燕超. 爆炸荷载作用下钢筋混凝土结构的动态响应行为与损伤破坏机理[D]. 天津: 天津大学, 2009.

[76] 袁景. 考虑土-结构相互作用的钢筋混凝土框架结构地震倒塌破坏仿真分析[D]. 阜新: 辽宁工程技术大学, 2013.

[77] 王立明, 顾祥林, 沈祖炎, 等. 钢筋混凝土结构的损伤累积模型. 工程力学, 1997(A2): 44-49.

[78] 吴波, 李惠, 李玉华. 结构损伤分析的力学方法[J]. 地震工程与工程振动, 1997(1): 14-22.

[79] Park Y-J, Ang A H-S. Mechanistic seismic damage model for reinforced concrete[J]. Journal of Structural Engineering, 1985, 111(4): 722-739.

[80] Park Y-J, Ang A H-S, Wen Y K. Seismic damage analysis of reinforced concrete buildings[J]. Journal of Structural Engineering, 1985, 111(4): 740-757.

[81] 江近仁, 孙景江. 砖结构的地震破坏模型[J]. 地震工程与工程振动, 1987, 7(1): 20-26.

[82] 欧进萍, 牛荻涛, 王光远. 多层非线性抗震钢结构的模糊动力可靠性分析与设计[J]. 地震工程与工程震动, 1990, 10(4): 27-37.

[83] 牛荻涛, 任利杰. 改进的钢筋混凝土结构双参数地震破坏模型[J]. 地震工程与工程震动, 1996, 12(4): 44-54.

[84] 中华人民共和国住房和城乡建设部. 混凝土结构设计规范: GB 50010—2010[S]. 北京: 中国建筑工业出版社, 2011.

[85] 刘刚. 条带开采煤柱静动态稳定性研究[D]. 西安: 西安科技大学, 2011.

[86] 何春林, 邢静忠. ANSYS 对钢筋混凝土结构弹塑性问题的仿真研究[J]. 煤炭工程, 2007, (4): 80-82.

[87] 刘晶波, 杜义欣, 闫秋实. 粘弹性人工边界及地震动输入在通用有限元软件中的实现[J]. 防灾减灾工程学报, 2007, 27(增刊): 37-43.

[88] 中华人民共和国住房和城乡建设部, 中华人民共和国国家质量监督检验检疫总局. 建筑抗震设计规范: GB 50011—2010 [S]. 北京: 中国建筑工业出版社, 2010.

[89] 中华人民共和国住房和城乡建设部. 高层建筑混凝土结构技术规程: JGJ 3—2010[S]. 北京: 中国建筑工业出版社, 2011.

[90] 清华大学土木工程结构专家组, 西南交通大学土木工程结构专家组, 北京交通大学土木工程结构专家组. 汶川地震建筑震害分析[J]. 建筑结构学报, 2008, 29(4): 1-9.

[91] 赵西安. 钢筋混凝土高层建筑结构设计[M]. 北京: 中国建筑工业出版社, 1993.

[92] 秦素娟. 高层钢-混凝土混合结构弹塑性动力时程及能量反应分析[D]. 长沙: 中南大学, 2008.